W0375497

Tierstimmen

Vom telepathischen Kommunizieren mit Tieren

Barbara Fenner

Editions à la Carte, Zürich

Tierstimmen

Vom telepathischen Kommunizieren mit Tieren

Das vorliegende Buch ist in allen seinen
Teilen urheberrechtlich geschützt.
Copyright © 2006 bei Barbara Fenner
Gesamtherstellung: Editions à la Carte, Zürich
www.editions.ch

ISBN: 3-908730-88-0

Inhaltsverzeichnis

Die Tiere teilten mir eines Tages mit, dass ich alles aufschreiben soll, was ich höre, denn ich würde ein Buch schreiben. Ich legte diese Notiz zur Seite, ein solches Unterfangen schien mir zum damaligen Zeitpunkt unmöglich. Es war nicht das Schreiben, das mir Mühe machte, nur der Aufgabe, für die Tiere zu schreiben, fühlte ich mich noch nicht gewachsen. Doch sie halfen mir, ermunterten mich und liessen sich geduldig zu allen möglichen Themen befragen. Meine Tierfreunde sind zugleich meine Helfer, Begleiter, Tröster und Führer. Es kostete mich Einiges an Überwindung, mich endlich hinzusetzen und mit dem Schreiben zu beginnen. Gerne blieb ich im Hintergrund, ich war glücklich und sah keinen Anlass, auch ausserhalb meiner vier Wände über meine Arbeit mit den Tieren zu reden. Irgendwann erkannte ich, dass diese Gewohnheit weitgehend in meiner Angst begründet lag, mich mit Kritikern und Skeptikern abgeben oder mit ihnen diskutieren zu müssen. Erst später merkte ich, dass dazu kein Anlass bestand. Ich gebe mein Bestes, akzeptiere das und habe aufgehört, mich mit den Meinungen anderer zu belasten, denn mit mir haben diese meistens nichts zu tun. *Du musst hinaustreten, es ist Zeit*[1], teilte mir die Stute Hot Chocolate mit. Sie war nicht die erste, meine Tierfreunde hatten mir das Gleiche bereits mehrfach mitgeteilt, aber erst da war ich bereit, wirklich ja zu sagen.

Die Tiere suchen uns, damit wir ihren Anliegen, Wünschen und Träumen eine Stimme geben, so dass alle Menschen sie hören können. Ich bin stolz, einer dieser Menschen sein zu dürfen, schätze und geniesse diesen Auftrag und betrachte ihn als grosses Geschenk. Beim Lesen dieses Buches werden Sie auch einige meiner Tierfreunde kennen lernen und etwas über ihre Ansichten erfahren.

Sie sind skeptisch? Sie können oder wollen nicht glauben, dass wir Menschen mit den Tieren kommunizieren können? Nun, aus irgendeinem Grund halten Sie heute dieses Buch in Ihren Händen. Lassen Sie sich auf ein Spiel ein und betrachten Sie die Lektüre dieses Buches als Reise in eine andere Welt – und wer weiss, vielleicht treten Sie diese Reise irgendwann selber an. Das wünsche ich Ihnen von Herzen, denn es ist eine wunderbare Reise, eine Reise zu uns selbst, begleitet von vielen geduldigen Helfern, unseren Tieren. Wir sind auf dem Weg zu einem von Liebe und Respekt getragenen Miteinander zwischen allen Wesen. Ich bin allen Tieren, die mir ihr Herz geöffnet haben, zutiefst dankbar. Ich wünsche mir, dass die Tiere gehört werden und Ihnen wünsche ich viel Freude beim Lesen dieses Buches!

Vom Wunsch mit Tieren zu reden

Der Wunsch mit Tieren zu reden, ist und war bei vielen Menschen schon immer vorhanden. Zahlreiche Bücher älteren und neueren Datums haben diese Kommunikation zwischen Tieren und Menschen zum Thema, nicht selten wird das Sprechen der Tiere auf humoristische Art abgehandelt und bei vielen Darstellungen ist es so, dass die Tiere wie die Menschen reden. Das tun sie natürlich nicht, zumindest nicht im herkömmlichen Sinn, denn sie benutzen dazu nicht unsere Sprache. Bezeichnenderweise messen wir Menschen die Intelligenz eines anderen Wesens primär daran, ob es unsere Sprache spricht oder ob es sich in bestimmten Situationen so verhält, wie wir uns verhalten würden oder wie wir dies aus unserer Sicht von ihnen erwarten. Weil die Tiere unsere Sprache nicht beherrschen und sich auch in ihrer Körperform von uns unterscheiden, stellen wir Menschen uns gerne über sie und räumen ihnen einen niedrigeren Platz ein. Was sollten die Tiere vor diesem Hintergrund für ein Interesse haben, mit uns zu sprechen? Es macht keinen Spass, sich mit jemandem auszutauschen, der sich selber einen höheren Wert gibt. Um mit den Tieren in einen engen Kontakt zu treten und telepathisch zu kommunizieren, müssen wir ihnen als Erstes einen Platz neben uns geben, sie respektieren, achten und ihnen unsere ehrliche Wertschätzung übermitteln.

Der wohl bekannteste Mensch, der dieses Miteinander lebte, war Franz von Assisi (1181/82-1226): *Gott wünscht, dass wir den Tieren beistehen, wenn sie der Hilfe bedürfen. Ein jedes Wesen in Bedrängnis hat gleiches Recht auf Schutz. Alle Geschöpfe der Erde fühlen wie wir, alle Geschöpfe streben nach Glück wie wir. Alle Geschöpfe der Erde lieben, leiden und sterben wie wir, also sind sie uns gleich gestellte Werke des allmächtigen Schöpfers - unsere Brüder.* Der Mystiker und Prediger wurde unter dem Namen Giovanni Francesco Bernardone in Assisi geboren und führte zunächst ein bürgerliches Leben, bis er, den Überlieferungen zufolge, während einer Schlacht zwischen Assisi und Perugia in Gefangenschaft geriet und dort die Stimme des höchsten Gottes zu vernehmen glaubte, die ihn aufforderte, ihm zu dienen. Aus dem Offizier wurde ein zutiefst gläubiger Mensch, er gründete den Orden der Franziskaner und widmete sich einem genügsamen Einsiedlerleben auf den Spuren von Jesus Christus. Über seine Verbindung mit den Tieren wurden zahlreiche Geschichten überliefert, hier nur eine davon: Ein reissender Wolf versetzte die Umgebung der italienischen Stadt Gubbio in Angst und Schrecken. Franziskus wollte ihm entgegentreten; aber die Bürger warnten ihn: "Hüte dich, Bruder Franz! Geh nicht vors Stadttor! Der Wolf hat schon viele gefressen, er wird auch dich jämmerlich töten!" Franziskus ging dennoch ohne jeden Schutz zum Wolf in den Wald, nannte ihn seinen Bruder und versprach ihm, für die tägliche Nahrung zu sorgen. So zähmte er ihn; der Wolf lebte noch zwei Jahre. Von Tür zu Tür liess er sich in Gubbio versorgen, ohne jemandem Leid anzutun. Nie bellte ein Hund gegen ihn, die Leute fütterten ihn freundlich, bis er schliesslich an Altersschwäche starb.

Auf der literarischen Ebene haben sich dann später einige Autoren dem Thema genähert. Der englische Autor Hugh Lofting wurde mit den Geschichten um den Tierarzt Dr. Johann Dolittle aus der kleinen Stadt Puddelby auf der Marsch weltberühmt, das erste seiner Bücher, „Dr. Dolittle und seine Tiere", erschien im Jahre 1920, zahlreiche weitere folgten. Der 1886 in England geborene Hugh Lofting kämpfte im Ersten Weltkrieg als Soldat in Frankreich und Flandern, wo er in Briefen an seine Kinder die Gestalt des Doktor Dolittle schuf. Aus der Bearbeitung dieser Briefe entstand dann sein erstes, von ihm selbst illustriertes Kinderbuch. In den Büchern von Hugh Lofting ist es einmal umgekehrt als in vielen anderen Büchern dieser Art: Hier ist es Doktor Johann Dolittle, der die Sprache der Tiere erlernen muss, um sie richtig behandeln zu können. Seine Lehrerin ist Polynesia, eine Papageiendame. Sie lehrt den Doktor, wie er mit den Tieren reden kann. Und so wird aus dem Menschendoktor mit Hilfe der Tiere ein sehr beliebter Tierarzt. Die besonderen Fähigkeiten des Doktors machten unter den Tieren der Umgebung schnell die Runde und sie suchten Dr. Dolittle auf. Ein Ackerpferd, das wochenlang am Bein behandelt wurde, erzählte dem Doktor, dass es nicht gut sehen könne und deshalb eine Brille brauche, um seine Augen vor der Sonne zu schützen. Solche Situationen sind den Tierkommunikatorinnen des 21. Jahrhunderts nicht neu. Viele Male zeigt ein Tier im Gespräch Schmerzen an Körperstellen, die der Mensch noch gar nicht untersucht hat. Im Buch „Dr. Dolittle und seine Tiere" heisst es weiter: *Ebenso ging es mit allen andren Tieren, die man ihm brachte. Sobald sie herausgefunden hatte, dass er ihre Sprache sprach, erzählten sie ihm, wo die Schmerzen sassen und wie sie sich fühlten, und natürlich war es für ihn dann sehr leicht, sie zu kurieren. Wenn alle diese Tiere wieder nach Hause zurückgekehrt waren, erzählten sie ihren Brüdern und Freunden, dass in dem kleinen Haus mit dem grossen Garten ein Doktor wohne, der wirklich ein Doktor sei. Und wenn irgendein Geschöpf krank wurde – nicht nur Pferde und Kühe und Hunde, sondern all die kleinen Tiere auf den Feldern, Feldmäuse und Wassermäuse, Dachse und Fledermäuse –, dann kam es sofort zu Dr. Dolittles Haus am Rande der Stadt, so dass sein grosser Garten fast immer voll von Tieren war, die zu ihm zu dringen versuchten, um ihn um Rat zu fragen.* Dass das Zusammenleben von Tieren und Menschen nicht immer ganz einfach ist, davon weiss Polynesia ein Lied zu singen. Die Papageiendame hat ihre ganz eigene Meinung über die Menschen, und sie teilt diese dem Doktor mit: *Die Menschen machen mich ganz krank. Sie bilden sich ein, sie seien wundervoll. Die Welt geht nun schon Tausende von Jahren ihren Gang, nicht wahr? Und was die Menschen von der Tiersprache verstehen gelernt haben, ist allenfalls, dass ein Hund, der mit dem Schwanz wedelt, sagen will: Ich bin froh! – das ist spassig, nicht wahr? Du bist der allererste Mensch, der spricht wie wir. Manchmal kann ich mich über die Menschen schwach ärgern – wie sie grosstun, wenn sie von den stummen Tieren sprechen. Stumm! Ich habe einst einen Makao*[2] *gekannt, der „Guten Morgen" in sieben verschiedenen Spra-*

chen sagen konnte, ohne dabei den Mund zu öffnen. Er sprach jede Sprache – sogar Griechisch. Eines Tages kaufte ihn ein alter Professor mit einem grauen Bart. Aber er blieb nicht bei ihm. Er sagte, der alte Mann spräche Griechisch nicht richtig, und er konnte einfach nicht zuhören, wenn er die Sprache falsch lehrte. Ich habe oft daran gedacht, was wohl aus ihm geworden ist. Dieser Vogel wusste von Geographie mehr, als Menschen jemals wissen werden. Mit der Figur des Dr. Dolittle wurde Hugh Lofting weltberühmt, und die Kinderbücher um den vom Menschendoktor zum Tierarzt gewordenen Dolittle enthalten Weisheiten, von denen auch wir Erwachsenen viel lernen können, wenn wir sie mit offenem Herzen lesen. Wenn wir bereit sind, von den Tieren zu lernen, eröffnen sich uns ganz neue Sichtweisen. Und gerade deshalb sind diese Bücher so wertvoll.

Besonders schön finde ich auch das in deutscher Sprache leider vergriffene Buch von J. Allen Boone „Die grosse Gemeinschaft der Schöpfung". Die amerikanische Originalausgabe (Kinship with all life) ist datiert vom Jahr 1954. Der Autor beschreibt seine Erlebnisse mit dem Deutschen Schäferhund Strongheart, einem Filmstar aus Hollywood, den er während einiger Zeit bei sich aufnahm. Strongheart wurde zu Boones Lehrer und er beschreibt sehr eindrücklich, wie er lernte, den Hund zu verstehen. Wie schon der Titel deutlich macht, geht es um die Verbindung zwischen allem, was lebt, und auf dem Titelblatt der deutschen Ausgabe heisst es: *Tief im Menschen, im Tier, in der Pflanze glüht ein Funke des göttlichen, gemeinsamen Erbes; er muss angefacht werden zu einer leuchtenden Lebenssymphonie für uns alle!* Vieles wird deutlich in diesem Buch, Eines ganz besonders: Die Tiere sind uns in ihrer spirituellen Essenz in keiner Weise unterlegen, es ist der Mensch, der ihnen aufgrund ihrer Körperform und der Tatsache, dass sie der menschlichen Sprache nicht mächtig sind, eine niedrigere Stellung einräumt, was doch von uns Menschen ziemlich überheblich ist. Es ist also in erster Linie an uns, unser Wissen zu erweitern und Neues zu erfahren. Lola, eine aufgeweckte Jack Russel Terrierdame, hat es so ausgedrückt: *Wir sind alle gleichwertige Teile der Schöpfung. Erhebt euch nicht über andere – Menschen, Tiere, Pflanzen, Mineralien.* Und es ist an uns, den ersten Schritt zu tun und dieses Miteinander anzustreben.

Die Anfänge der Tierkommunikation

Pionierin auf dem Gebiet der telepathischen Kommunikation mit Tieren ist ohne Zweifel die Amerikanerin Penelope Smith. Sie hat ihr Leben lang mit Tieren telepathisch kommuniziert: *Ich habe die Fähigkeit mit Tieren zu kommunizieren, niemals verloren. Als Erwachsene und andere Kinder über meine telepathischen Erfahrungen, Botschaften von Tieren zu empfangen, zu spotten begannen, beschloss ich, es sei besser, diese Dinge für mich zu behalten. Die Lieblingskommentare meiner Mutter lauteten etwa: „lebhafte Fantasie" oder „störrisch wie ein Maulesel". Vielleicht waren es genau diese beiden Eigenschaften, die mir meine telepathische Kommunikationsfähigkeit erhielten*[3]. Penelope Smith studierte Sozialwissenschaften, um mehr über die Menschen zu erfahren, und um ihre Lebensbedingungen zu verbessern. Damit bekam ihre Gabe, mit den Tieren zu kommunizieren, Anfang der siebziger Jahre eine neue Dimension: *Nicht nur konnte ich mit Tieren sprechen und ihnen zuhören, sondern hatte nun auch das notwendige Rüstzeug, um ihnen zu helfen. Ich fand heraus, dass dieselben Techniken, die es Menschen ermöglichten, sich von alten Traumen, emotionalen Schockerlebnissen und geistigen Problemen zu lösen, bei Tieren ebenso hilfreich waren.* Penelope Smith hat mit Tausenden von Tieren kommuniziert, und darüber hinaus hat sie Techniken zum Erlernen der telepathischen Kommunikation entwickelt, welche sie und viele andere von ihr autorisierte Lehrerinnen in Kursen weitergeben. Ihre Methoden fördern die Fähigkeiten der Menschen zum besseren Verständnis und zur besseren Kommunikation sowohl auf physischer, mentaler, emotionaler als auch spiritueller Ebene. Sie gehört weltweit zu den Führenden im Lehren von telepathischer Kommunikation und hat vielen Tierkommunikatorinnen[4] geholfen, ihrer Berufung zu folgen und diese Arbeit zu beginnen. Penelope ist überzeugt, dass jeder mit der Kraft geboren wird, mit anderen Arten zu kommunizieren: *Allen Wesen ist es angeboren, miteinander zu kommuni-*

zieren und sich untereinander zu verständigen. Alle oder fast alle kleinen Kinder kennen die mentale oder telepathische Kommunikation mit anderen aus einer anderen Gattung. Bevor sie sprechen lernen, kommunizieren sie, neben Körpergesten, hauptsächlich auf diese Art.

In der Schweiz ist die Tierkommunikation Mitte der neunziger Jahre zuerst durch die Bernerin Helen Gerber bekannt geworden. Sie hat auf diesem Gebiet in unserem Land Pionierarbeit geleistet und wurde von Presse, Radio und Fernsehen mit entsprechendem Interesse bedacht, was der Tierkommunikation auch bei uns zu mehr Bekanntheit verholfen hat. Das Bedürfnis der Menschen nach Gesprächen mit und einer engeren Verbindung zu ihren Tieren ist gross, das spiegelt sich in den gut besuchten Kursen und den langen Wartezeiten für einen Gesprächstermin.

Unterdessen gibt es immer mehr Menschen, die sich als Tierdolmetscher engagieren. Falls Sie ein Gespräch mit ihrem Tier führen lassen möchten, informieren Sie sich, lassen Sie sich von Ihrem Gefühl leiten und wählen Sie die Tierkommunikatorin sorgfältig aus, die für Sie mit Ihrem Tier sprechen soll. Denken Sie daran, dass ein solches Gespräch ein Miteinander von Ihrem Tier, Ihnen selbst und der Übersetzerin ist. Wie bei jedem persönlichen Gespräch braucht es auch hier Vertrauen zu seinen Gesprächspartnern.

Telepathie - die Sprache des Herzens

Telepathische Kommunikation geschieht von selbst, immer, und wir können wieder lernen, uns das bewusst zu machen. Wenn wir unser Herz öffnen, unseren Kopf freimachen und gut zuhören, wird unser Weg frei für eine Kommunikation, die ohne Übertreibungen, Umschreibungen und komplizierte Erklärungen auskommt. Die Sprache des Herzens ist klar und voller Schönheit. Voraussetzung ist unsere Bereitschaft, zu spüren, zu hören, still zu werden und zu lernen, denn Telepathie ist für uns alle etwas ganz Normales und Alltägliches. Lassen Sie sich von den gängigen Klischees über Esoterik nicht abschrekken, es gibt wirklich keinen Grund, gleich an Unheimliches wie Tischerücken oder Glaskugel-Orakel zu denken. Eine telepathische Verbindung zu einem anderen Wesen passiert im Moment, sie hat nichts mit Vorahnungen oder Wahrsagen zu tun, es handelt sich um den Austausch zwischen zwei „Gesprächspartnern" und sie setzt das gegenseitige Einverständnis voraus, beide haben also zu diesem Kontakt ja gesagt: eine telepathische Verbindung ist eine natürliche, alltägliche Angelegenheit. Dass telepathische Kommunikation etwas Bodenständiges ist, das zeigen auch die oft sofortigen Veränderungen im Verhalten von Mensch und Tier, nachdem ein Missverständnis durch das Gespräch geklärt werden konnte. Ich erinnere mich an ein Gespräch mit einer Katze während eines Vortrages. Die Zuhörer hatten Gelegenheit, mir ein Foto ihres Tieres zu geben und eine Frage zu stellen. So kam ich in Kontakt mit dieser Katze und die Frage war, wieso sie denn nie die Katzenkiste benutze und ihr Geschäft auf dem Boden hinterlasse. Die Antwort war kurz und klar: *Bis jetzt hat mir noch niemand gesagt, dass ich das nicht tun soll.* Alle lachten, so einfach konnte es ja wohl nicht sein. Umso mehr freute mich die Rückmeldung, die ich ein paar Monate später erhielt: Die Katze hatte seit diesem Gespräch stets die Katzenkiste benutzt.

Nehmen wir also für einmal Abstand von unserem materiell geprägten Denken und vertrauen auf die unsichtbaren Dinge. Antoine de Saint-Exupéry hat es so ausgedrückt: *Man sieht nur mit dem Herzen gut – das Wesentliche ist für die Augen unsichtbar.*[5] Ich wünsche mir, dass eine Zeit kommt, wo die telepathische Kommunikation auch unter uns Menschen wieder so normal sein wird, wie sie es schon immer war und ist.

Was Telepathie ist

Ich kann und möchte hier keine vollständige Abhandlung über dieses Phänomen geben, ich habe aber einige Ansätze zusammengetragen, die mir zum besseren Verständnis der Zusammenhänge geeignet scheinen.

Telepathie ist nichts anderes als Fühlen über eine Distanz. Die Bezeichnung Telepathie kommt aus dem Griechischen und setzt sich zusammen aus den beiden Begriffen Tele (für fern, über eine Distanz) und Pathos (für Empfänglichkeit). Im Duden Herkunftswörterbuch steht zum Begriff Telepathie Folgendes: *Das Wahrnehmen der seelischen Vorgänge eines anderen Menschen ohne Vermittlung der Sinnesorgane; Gedankenlesen: Das besonders in der Fachsprache der Parapsychologie verwendete Fremdwort wurde aus gleichbedeutend engl. Telepathy entlehnt, das 1882 von dem englischen Schriftsteller F.W. Myers (1843-1901) aus griech. Tele „fern, weit" und griech. Pathos „Gefühlserregung, Leidenschaft" gebildet wurde.* Bei dem genannten Herr Myers handelte es sich um einen Psychologen aus Cambridge, der offenbar im Jahr 1882 die englische Gesellschaft für psychische Forschung gegründet hatte. Unter anderem soll er die Übertragung seelischer Vorgänge zwischen zwei Menschen untersucht haben, eben die so genannte Telepathie. Versuche wurden gemacht, es wurden sogar Hirnströme gemessen und die Übereinstimmung war oft gross, irgendwann verliefen diese Forschungen im Sand, man wandte sich offenbar anderen Bereichen der Parapsychologie zu.

Einer der in diesem Bereich angesehenen Forscher ist sicher Rupert Sheldrake, seine Thesen werden von der Wissenschaft weltweit diskutiert, was immerhin ein guter Anfang zur „Legalisierung" der Telepathie ist. In seinem Buch „Der siebte Sinn der Tiere" führt er uns Menschen vor Augen, wie viele intuitive Fähigkeiten wir verloren haben und was wir von unseren Tierfreunden lernen können. Und in seinem neusten Buch „Der siebte Sinn des Menschen" wird es bestätigt: Wir alle haben telepathische Fähigkeiten. Telepathie ist die Fähigkeit, Gedanken und Wünsche seines „Gesprächspartners" gefühlsmässig zu empfangen, ob diese Verbindung zwischen zwei Menschen oder zwischen Mensch und Tier stattfindet, ändert nichts. Die Tiere sind uns nicht unterlegen, sie unterscheiden sich lediglich in ihrer Körperform von uns. Manche Tiere haben, wie manche Menschen, mehr mit körperlichen und seelischen Beschwerden zu kämpfen als andere. Ich erinnere mich an ein Interview, und im Laufe des Gesprächs sagte die Interviewerin plötzlich zu mir: Sie glauben also, dass Tiere intelligent sind? Natürlich sind die Tiere intelligent, die einen mehr, andere vielleicht weniger – genau wie bei uns Menschen. Wir müssen aufhören, uns Menschen von allen anderen Wesen auf dieser Erde abzutrennen. Und es gibt auch keinen Grund für uns Menschen wütend zu werden, wenn dieses Thema zur Sprache kommt. Wir brauchen uns nicht zu fürchten, im Gegenteil, wenn wir unser Herz den Tieren öffnen, sind sie bereit, uns ihre Ansichten mitzuteilen und uns zu lehren.

Bei den Naturvölkern war Telepathie etwas Alltägliches, sozusagen das schnurlose Telefon zwischen den Menschen. Die Autorin Marlo Morgan wanderte mehrere Wochen mit den Aborigines im australischen Busch und lernte dabei viel über das Leben des Stammes und über ihr eigenes Leben. In ihrem Buch „Traumfänger" findet sich eine schöne Beschreibung der Telepathie, erklärt von einem Stammesmitglied, dem Übersetzer Ooota: *Ooota glaubt, dass die »Wahren Menschen« deshalb Zugang zur Telepathie haben weil sie niemals lügen, ja nicht einmal die Wahrheit beugen, Halbwahrheiten akzeptieren oder eine Behauptung ohne Substanz aufstellen. Die Devise lautet: Keine einzige Lüge, und deshalb haben sie auch nichts zu verbergen. Diese Menschen haben keine Angst davor, ihren Geist für Neues zu öffnen, und sie sind immer bereit, die anderen an ihrem Wissen teilhaben zu lassen. Ooota erklärte mir, wie das System funktioniert. Wenn zum Beispiel ein zweijähriges Kind ein anderes mit einem Spielzeug hantieren sieht - vielleicht ein Stein, den es an einer Schnur hinter sich herzieht - und versucht, diesem Kind sein Spielzeug abzunehmen, spürt es sofort, wie sich die Augen aller Erwachsenen auf es richten. Sofort weiss es, dass sein Vorhaben, das Spielzeug ohne Erlaubnis des anderen zu nehmen, nicht verborgen geblieben ist und nicht gutgeheissen wird. Das andere Kind wird gleichzeitig lernen zu teilen und zu erfahren, dass es nicht gut ist sein Herz an Gegenstände zu hängen. Dieses Kind hat erfahren, welchen Spass das Spielen mit dem Stein macht. Wichtig und erstrebenswert ist das Glücksgefühl, nicht der Gegenstand selbst. Telepathie - eigentlich die Verständigungsart, die für uns alle völlig natürlich sein müsste. Wenn alle Menschen diese Form der Kopf-zu-Kopf-Unterhaltung nutzten, gäbe es keine verschiedenen Sprachen und Alphabete mehr, die die Verständigung untereinander erschweren.*

Telepathie ist also nichts anderes als Kommunikation durch Verbundenheit. Diese Erklärung gefällt mir wegen ihrer Klarheit. Dass die telepathische Kommunikation existiert, wird nur von uns westlichen Menschen angezweifelt. Dabei nutzen wir sie täglich, Telepathie passsiert, ohne dass wir uns dessen bewusst sind. Sie tritt von selbst auf, wenn man sich in Verbundenheit mit seiner Umwelt befindet und eine immer feinere Wahrnehmung für energetische Schwingung zu entwickeln bereit ist. Denn jeder Gedanke und jede Emotion ist letztlich nichts anderes als Schwingung, und durch Schwingung sind wir alle miteinander verbunden.

Was Telepathie ist, zeigen viele einfache Beispiele: Wir denken an jemanden und kurz darauf klingelt das Telefon oder wir wissen beim Klingeln des Telefons bereits, wer uns anruft. Auch spüren wir, wie es unserem Freund geht, obwohl wir nur am Telefon mit ihm sprechen, denn zwischen oder neben den gesprochenen Worten läuft der Austausch automatisch auf telepathischer Ebene ab, vor allem dann, wenn die Gesprächspartner sehr vertraut miteinander sind. Wir nehmen auch bei uns fremden Menschen Anspannung, Wut, Angst oder Trauer wahr. Ebenso bemerken wir, ob wir uns in einem Raum wohl fühlen oder nicht. So einfach diese Beispiele sind, so einfach ist eigentlich auch die Kommunikation ohne Worte. Und wer kennt ihn nicht, diesen Satz: „Genau das wollte ich auch gerade sagen.“ Hierbei handelt es sich weniger um Ahnungen als um Wissen, das uns von dem bestimmten Wesen direkt übermittelt wurde, eben weil wir zu dem Zeitpunkt mit ihm „im Gespräch“ waren.

Alles Hokuspokus? Nein, alles alltäglich und weder abgehoben noch gefährlich, im Gegenteil. Ich wiederhole mich gerne: Tierkommunikation ist etwas äusserst Bodenständiges. Was vielen Menschen Angst macht, ist die Vorstellung, dass da jemand durch die Welt geht und Gedanken, Gefühle, Wünsche und Träume sehen kann, die wir mit uns herumtragen. Oft denken meine Kunden, dass ich all ihre Gedanken sehen kann. Gedankenübertragung funktioniert aber wie gesagt nur dann, wenn beide Seiten es zulassen, und ich kommuniziere grundsätzlich nie ungefragt oder aus Neugierde. Ich respektiere, wenn ein Tier oder ein Mensch nicht mit mir in Kontakt treten will.

Wir Menschen kommunizieren viel häufiger auf diese Weise, als uns vielleicht bewusst ist. Tatsache aber ist auch, dass wir dauernd Signale aussenden, bewusst oder unbewusst. Unsere Tiere empfangen diese Botschaften, Bilder und Gefühle und reagieren darauf. Befinden wir uns also in einer schwierigen Situation, sind verängstigt oder abgelenkt, so werden wir vielleicht feststellen, dass unsere Tiere darauf reagieren, indem sie ihr Verhalten ändern. Und dann ärgern wir uns vielleicht, ohne uns klar zu machen, dass wir das unerwünschte Verhalten provoziert haben.

Und wir hören vor allem nicht auf zu kommunizieren, wenn wir aufhören zu reden. Wir reden und gleichzeitig kommunizieren wir telepathisch. Während die Sprache ein eher langsames Werkzeug ist, entstehen unsere Gedanken blitzschnell, und so schnell übertragen wir sie auch. Diese Schnelligkeit macht es mir als Übersetzerin manchmal schwer, das von den Tieren Übermittelte in Worte zu fassen. Wer schon einmal einen Termin bei mir hatte, weiss auch, dass es nicht immer ganz einfach ist, die „richtigen" Worte zu finden bzw. die Gefühle und Botschaften überhaupt in Worte zu übersetzen. Das Zuhören ist in diesem Zusammenhang sehr wichtig. Nur wer gut zuhören kann, wird ein guter Empfänger und Übersetzer werden. Das ist für einige aufwändiger als für andere, aber wenn wir wollen, ist es möglich, uns diese Sprache ohne Worte wieder anzueignen. Wir müssen lediglich lernen, unser Bewusstsein zu erweitern, und das braucht auch Einiges an Übung und Vertrauen in sich selbst und seine Fähigkeiten.

Was uns Menschen blockiert

Wir haben gelernt, innerhalb ziemlich enger Grenzen zu leben, und wir sind sehr oft dazu erzogen worden, nur zu glauben, was wir auch sehen oder anfassen können. Es fällt uns schwer, unseren intuitiven Fähigkeiten wieder zu vertrauen. Dabei steht uns Menschen unser Verstand im Wege, die Tatsache, dass wir so stark in unserem Denken verhaftet sind, immer alles bewerten, zensurieren und für gut oder schlecht befinden. Shakespeare hat es einst so ausgedrückt: *An sich ist nichts gut noch böse, das Denken macht es erst dazu.* Wir sind so vertraut mit dieser Art zu leben, dass wir das nicht einmal mehr bemerken. Wir werten sogar das Wetter und scheinen zu vergessen, dass der Regen ebenso wichtig für die Natur ist wie der Sonnenschein. Zudem glauben wir nur was wir sehen, was unser Bewusstsein weiter einengt. Wir wehren uns sofort gegen alles für uns nicht Fassbare, mit Erfolg oft auch gegen unsere eigenen Gefühle. Überhaupt geben wir uns mit einem ziemlich engen Spielraum zufrieden. Dabei müssten wir nichts weiter tun, als unser Bewusstsein erweitern, um viele wunderbare Erfahrungen zu sammeln, die uns Vertrauen geben und Türen öffnen in neue Erkenntnisse, neue Dimensionen und neue Begegnungen, auch mit unseren Tieren.

Bevor ich meinen ersten Basiskurs unterrichtete, fragte ich meinen Hund Monet ob er mir dazu etwas sagen könne: *Werde still, langsam und höre gut zu. Manche Menschen werden Angst haben, auch wenn ihnen das nicht klar ist. Sie werden sich wehren dagegen, uns zu hören, uns gleichzustellen mit sich. Lass ihnen Zeit, aber führe sie an den Punkt wo sie spüren, dass sie sich wehren. Begegne ihnen mit Vertrauen und Liebe und gib ihnen den Mut, weiter zu schauen. Und hab Verständnis, auch du hast solche Barrieren – wir arbeiten daran, es ist nicht leicht.*

Wir müssen also lernen zu vertrauen, vor allem uns selber, und bereit sein, unsere anerzogenen Grenzen zu überschreiten. Tun wir das, öffnet sich uns eine neue, wunderschöne Welt, eine Welt wo auch unsere Tiergefährten zu Hause sind. Die Tiere wissen um unsere Kommunikationsfähigkeit, die tief in uns vorhanden ist und darauf wartet, von uns wieder entdeckt und genutzt zu werden. Und sie unterstützen uns mit viel Kraft und Freude.

Um mit Tieren und selbstverständlich allem was lebt, telepathisch kommunizieren zu können, müssen wir als erstes aufhören, dauernd Signale und Bilder auszusenden, denn wir brauchen offene und klare Kanäle, um die Antworten und Botschaften der Tiere empfangen zu können. Deshalb ist es gerade für noch Ungeübte aber auch für mich wichtig, einen Ort der Stille und Ruhe aufzusuchen. Dann gilt es, alle Gedanken, die uns beschäftigen, wegzuschicken, erst dann sind wir aufnahmefähig und offen. Um diesen Bewusstseinszustand zu erreichen, gibt es verschiedene Möglichkeiten, vielleicht ist es eine bestimmte Meditationstechnik, die uns hilft, oder aber autogenes Training, Yoga oder das Aufsuchen eines stillen Ortes in der Natur. Auch hier gibt es kein Rezept, jeder muss für sich herausfinden, wie er am Besten ruhig werden und die Verbindung zulassen kann.

Es gilt also, sich selber zu respektieren und seine Grenzen, Stärken und Schwächen kennen zu lernen. Dasselbe gilt auch für unseren Gesprächspartner, unabhängig davon, welche körperliche Form er hat. Wir müssen die Tiere als uns gleichgestellte Wesen achten und ehren, um mit ihnen in einen tiefen Austausch zu kommen. Darüber hinaus müssen wir lernen, mit dem Herzen zuzuhören und anzuerkennen, was die Tiere uns mitteilen. Denn nur mit offenem Herzen sind wir frei von Vorurteilen und Wertungen – eine tiefe telepathische Verbindung fühlt sich auch auf der Körperebene harmonisch und sicher an. Aber wir müssen dennoch lernen, diesen Austausch zu erkennen und auch zu bemerken, wenn wir oder das Tier die Verbindung unterbricht oder sich distanziert. Das kann verschiedene Gründe haben, vielleicht ist ihm das Thema oder die Frage unangenehm oder weckt Erinnerungen an alte Verletzungen, vielleicht ist der Zeitpunkt ungünstig oder die Konzentration lässt nach.

Übernehmen wir also die Verantwortung für unseren Weg in diesem Leben – und machen wir das Bestmögliche daraus. Wir bekommen sehr viel Hilfe, handeln aber müssen wir trotzdem selber, Schritt für Schritt. Sehr oft teilen die Tiere ihren Menschen mit, sie sollen auf ihren Weg vertrauen. Die meisten zweifeln zu stark an ihren Fähigkeiten, andere wiederum zu wenig. Lassen wir uns von den Tieren führen, und wir können sehr viel über uns selber lernen.

Viele Menschen berichten, dass das Gespräch mit ihrem Tier über eine Tierkommunikatorin ihnen die Türe zu einer neuen Welt geöffnet hat. Das Erlebnis während eines Gesprächs mit unserem Tier bewirkt oft, dass es einfacher wird, den Weg in Angriff zu nehmen und den Wunsch, mit seinem Tier noch enger in Verbindung zu sein, in die Tat umzusetzen.

Der Mensch will Beweise

So sind wir nun mal, mir ging es ja auch nicht anders. Was würden Sie wissen wollen, wenn Sie eine Tierkommunikatorin bitten würden, mit Ihrem Tier zu reden? Vermutlich irgendeinen Beweis dafür, dass die Dame tatsächlich Kontakt mit Ihrem Tier hat. Das führt dann zu diesen Fragen, deren Antwort Sie schon kennen, die Tierkommunikatorin aber nicht. Ich kann Sie beruhigen, das ist absolut verständlich. Durch solche Absichten aber werden wir oft kompliziert und können die Botschaften der Tiere gar nicht wahrnehmen. Einige Tiere verschliessen sich dann ebenfalls, andere unterhalten sich bestens und plaudern aus ihrem Leben. Da kommt es schon mal vor, dass mir ein Tier seine Lieblingsplätze oder Details aus seinem Leben mit den Menschen schildert, während der Mensch auf alle Arten versucht, eine bestimmte Antwort auf seine Frage zu bekommen.

Manche Menschen wollen auch bewiesen haben, dass ein Gespräch zwischen Tier und Mensch nicht möglich ist – oder sie versuchen, meine Arbeit ins Lächerliche zu ziehen. Auch einige Journalisten haben sich darauf festgelegt zu beweisen, dass telepathische Tierkommunikation nicht funktionieren kann. Sehr oft haben sie sich ihre Meinung schon gebildet, bevor sie mit den Recherchen beginnen, ihre Offenheit dem Thema gegenüber ist dadurch natürlich etwas eingeschränkt.

Eines Tages klingelte mein Telefon und am andern Ende der Leitung war ein atemloser Mann, der mir erklärte, er hätte ein Problem mit seinen Rennmäusen. Diese seien völlig aus dem Häuschen und er wisse nicht mehr was tun, um sie zu beruhigen. Er hätte ihnen bereits Baldrian gegeben, aber es hätte nichts genützt. Ich bekam schon Bilder, aber die waren ganz anderer Natur: Ich sah den Mann umgeben von irgendwelchen Geräten und mit einem Kopfhörer. Es sah aus, wie wenn er in einem Tonstudio sitzen würde. Meine Helfer waren einmal mehr da, um mich zu unterstützen. Einen Moment zögerte ich, dann vertraute ich den Bildern und fragte den Mann, ob er vielleicht ganz zufällig bei einem Radiosender arbeite. Er bestritt das vehement, behauptete, ich wolle ihm nur nicht helfen und versuchte es mit ein paar bescheidenen Beleidigungen. Ich zeigte mein Erstaunen darüber, dass in einem Radiostudio Tiere erlaubt seien und empfahl ihm, die Baldriantropfen vorerst selber einzunehmen und mich erneut anzurufen, falls das Problem mit seinen Rennmäusen sich nicht von selbst löse. Trotz seiner Beschimpfungen beendete ich das Gespräch. Ich notierte ich mir seine Nummer, um sie später zu überprüfen: Der Anruf kam von einem Berner Radiosender.

Ich erinnere mich an ein anderes Gespräch, wo ich ebenfalls hätte spüren sollen, dass die Frau mich testen will. Dagegen habe ich ja grundsätzlich nichts, nur war es in diesem Falle so, dass die Dame unbedingt einen Beweis brauchte, dass es nicht funktionieren kann. Nun, den bekam sie, denn ich liess mich unter Druck setzen und überschritt die Grenze, wo ich noch hätte merken können, dass ich mit der Katze nicht mehr in tiefer Verbindung war. Die Anruferin hatte zwei Katzen und zu jeder Katze hatte sie Fragen vorbereitet. Als ich mit der ersten Katze Kontakt aufnahm, stellte sie diejenigen Fragen, die eigentlich zur zweiten Katze gehört hätten. Da war dann zum Beispiel die Frage, wieso die Katze Angst vor dem Staubsauger habe. Ich übersetzte, dass sie gar keine Angst habe, was ja auch stimmte. Die Frau insistierte, und da verlor ich die Verbindung und merkte es nicht. Der Schandbrief, den ich einige Zeit später bekam, belastete mich zunächst sehr. Dann aber siegte mein Optimismus und ich begann, aus solchen Fehlern zu lernen. Mit Situationen wie dieser musste ich leben lernen, sie sind zum Glück nicht häufig, aber sie gehören dazu und es gibt für mich stets etwas zu erkennen.

Diese Erfahrungen haben mich dennoch vorsichtiger gemacht, manchmal vielleicht sogar etwas misstrauisch. Als Köbelis Menschen mich zum ersten Mal anriefen, war ich sehr skeptisch. Der Mann erklärte, er hätte gerne einen Termin, um mit seinem 23jährigen Nymphensittich zu sprechen. Ich machte mich daraufhin im Internet schlau, ob diese Vögel tatsächlich so alt werden können. Dass Köbeli in jeder Beziehung ausserordentlich ist, erfuhr ich dann bei unserem ersten Gespräch. Wir hatten alle Spass, sehr viel Spass. Köbeli ging das Gespräch viel zu langsam, und während seine Menschen ihre Fragen stellten, erzählte er mir so nebenbei, was er gerade machte, und dass er gerne Banane essen würde.

Wir Menschen haben auch manchmal die Tendenz, uns auf etwas festzufahren. Eine Kundin rief mich wegen ihres Hundes an und wollte wissen, warum er denn so traurig sei. Der Hund signalisierte mir keinerlei Traurigkeit, zeigte vielmehr, wie viel Spass er mit den Kindern habe und wie schön es sei, gesehen und geliebt zu werden. Als ihr Gefühl sich nicht bestätigte, bohrte sie weiter und nannte einzelne Momente, wo sie das Gefühl hatte, der Hund sei traurig. Ich spürte bei dem Hund eine Resignation und er interessierte sich nicht länger für das Gespräch. Er liess seine Frau reden und fragte dann: *„Wann gehen wir wieder fischen?"*. Ich konnte mit der Antwort nicht viel anfangen und fragte die Frau, ob sie wisse, was er denn meinen könnte. Sie erzählte mir daraufhin, dass ihr Mann den Hund manchmal zum Fischen mitnehmen würde und dass er dabei grossen Spass hätte. Ich bedankte mich bei dem Hund, dass er seiner menschlichen Freundin mit dieser Frage den Beweis geliefert hatte, dass er wirklich wisse, wie es ihm gehe und was er am Liebsten tue.

Patrizia wollte von ihrem jungen Siamkater Kimmi wissen, ob es ihm gut gehe: *Ja, mir geht es gut. Ich bin gerne lustig, das Leben ist so schön. Ich habe das Gefühl, ich bin eine Kugel.* Damit war für ihn das Thema erschöpft und er wandte sich wichtigeren Dingen zu. Kimmi zeigte mir, dass Patrizia ein Spielzeug in einer Schublade versteckt hatte, das er wiederhaben wollte. Er zeigte mir etwas Rundes, Weiches mit einer Art Federn, es war für mich sehr schwer zu beschreiben. Aber Patrizia wusste, was es war: *Das Spielzeug war ein Goldfisch aus Plüsch mit Flossen aus Gaze. Er hängt an einer Angel und Kimmi durfte nie alleine damit spielen, weil ich Angst hatte, er verwickelt sich in die Schnur. Er wusste ganz genau wo ich ihn versteckt hatte.*

Manchmal möchten wir Menschen auch wissen, ob das betreffende Tier denn auch weiss, mit wem es nun gerade spricht. Eine Kundin stellte ebendiese Frage, weil sie ihr Pferd nicht häufig besuchen konnte und das Pferd meinte, sie sei doch die Frau mit den klirrenden Armreifen, solche hätte sonst niemand im Stall. Die Tiere liefern die Beweise, die wir brauchen, meistens selber. Manche beschreiben mir ihr Aussehen so genau, dass dann schon klar wird, dass sie da sind, andere beschreiben ungefragt alte Verletzungen oder Situationen aus ihrem gemeinsamen Leben mit den Menschen. Wieder andere amüsieren sich und erzählen lustige Dinge über sich und ihr Leben. Unsere Haustiere wissen sehr viel über unsere Gewohnheiten und amüsieren sich manchmal darüber. Eine Katze erzählte einmal, dass es ihr gefalle, wenn ihre Menschenfreundin am Tisch sitze und Musik mache: Sie meinte das Klappern der Stricknadeln. Gerne erinnere ich mich an Tuktu, den musikalischen Labrador: Bei einem Gespräch äusserte er, dass er Mozart langweilig finde, er möchte lieber Beethoven hören.

Gespräche mit Tieren

Meistens sind es Pferde, Hunde und Katzen, mit denen ich gebeten werde zu kommunizieren. Seltener sind andere Haustiere wie Kühe, Schafe, Schweine, Papageien, Vögel, Meerschweinchen, Hasen, Schildkröten oder Mäuse. Es handelt sich also vorwiegend um Tiere, die sehr eng mit uns Menschen zusammenleben, entsprechend sind auch die Anliegen, vielfach Alltagsprobleme im gemeinsamen Zusammenleben, Krankheiten und Schmerzen oder der bevorstehende Abschied des Tieres. Die Gespräche geben dann Aufschluss über die Gefühle der Tiere, über ihre Ängste, Nöte, Wünsche und Vorlieben. Den Menschen bewegen Fragen darüber, ob er richtig entschieden hat, ob die gewählte Therapiemethode für sein Tier gut ist oder ob ihn sein Tier versteht, wenn er ihm zum Beispiel erklärt, dass er in die Ferien fährt und das Tier nicht mitnehmen kann. Bei den medizinischen Problemen ist es meistens so, dass das Tier entweder schulmedizinisch austherapiert ist oder aber die Informationen des Tieres zum Beispiel für die Wahl homöopathischer Mittel gewünscht werden. Das Wissen darüber, wo das Tier Schmerzen spürt, hilft bei der Therapie oder der Suche nach der Ursache. Selbstverständlich ersetzt das Gespräch nie den Besuch beim Tierarzt.

Den Tieren und ihren Menschen in diesen Bereichen helfen zu dürfen, ist sehr schön. Immer wieder werden wir aber auch mit Tieren in Notsituationen konfrontiert, seien es Schlachttiere, Strassenhunde oder Tiere aus Tötungsstationen. Hier ist Handeln gefragt, und ich bin allen Menschen dankbar, die sich mit viel Engagement auf dieser Ebene für die Tiere einsetzen. Ich habe schon mit ehemaligen Rennhunden Kontakt aufgenommen, die schwer misshandelt worden sind. Wenn diese Erlebnisse überstanden sind, wenn der Hund also in Sicherheit ist, erst dann ist ein Gespräch über eine Tierkommunikatorin oft möglich und zum besseren Verständnis beispielsweise der Ängste oder Wünsche des Tieres sinnvoll. In den meisten akuten Situationen aber ist die Tierkommunikation nicht das Mittel der ersten Wahl, vor allem dann nicht, wenn wir sonst nichts zur Verbesserung der Situation beitragen können oder wollen.

Kontakt aufnehmen

Meistens sind es wir Menschen, die das Gespräch mit unseren Tieren suchen. Es läuft in der Regel so ab, dass mich die Kunden anrufen und ich dann den Kontakt mit dem Tier herstelle, während wir am Telefon sind. Auch da ist es wichtig, dass die Menschen eine für sie angenehme Atmosphäre schaffen und nicht gestört werden. Ich finde es dem Tier und auch der Tierkommunikatorin gegenüber sehr unfreundlich, wenn im Hintergrund das Radio spielt, das Natel läutet oder andere Menschen Unruhe stiften. Wir wollen etwas von unserem Tier, dann sollte uns das auch wichtig genug sein, um die optimalen Bedingungen zu schaffen. Wer zwischen Tür und Angel, ohne richtig zu atmen erwartet, sein Tier öffne sich ihm, wird meistens enttäuscht. Es lohnt sich auch, aufzuschreiben, was das Tier mitteilt oder das Gespräch auf Band aufzunehmen, manches wird vielleicht erst später klar.

Die Distanz spielt bei der telepathischen Kommunikation keine Rolle, wichtig ist dabei aber, dass wir eine Verbindung zu unserem Gesprächspartner aufbauen und diese nach Beendigung des Gesprächs wieder trennen. Tun wir das nicht, kann es sein, dass wir zum Beispiel einen Teil der Schmerzen eines Tieres oder seines Menschen aufnehmen und bei uns behalten. Oder uns wird sehr viel Energie abgezogen und wir wissen nicht, warum. Dass telepathische Kommunikation auch über grosse Distanzen hinweg funktioniert, verwirrt und verunsichert viele Menschen. Es ist ihnen unheimlich, das Akzeptieren fiele ihnen leichter, wenn ich als Tierkommunikatorin dem Tier direkt gegenübersitzen würde.

Das ist aber gar nicht nötig, manchmal sogar störend. Es ist mir schon passiert, dass eine Dame und ihr Hund persönlich vor der Türe standen statt bei mir anzurufen. Der kleine Hund hatte seine helle

Freude daran, meine Wohnung zu entdecken, alles abzuschnuppern und den Hals nach meinen Hunden zu strecken. Er war absolut nicht interessiert, mit mir über für ihn so belanglose Dinge zu sprechen, ob es ihm zuhause langweilig sei. Klar, im Moment war es ihm überhaupt nicht langweilig, im Gegenteil. In solchen Situationen ist es nicht immer einfach, die Aufmerksamkeit des Tieres zu bekommen. Für mich ist es wichtig, ruhig und konzentriert zu sein, mich bei dem Gespräch wohl fühlen zu können und Ablenkung zu vermeiden, dies auch aus Respekt dem Tier gegenüber. Zu Hause habe ich mir den Raum geschaffen, wo ich am Besten kommunizieren kann. Und ich musste lernen, mit den mir zur Verfügung stehenden Kräften zu haushalten.

Um die Verbindung mit dem Tier herzustellen, muss ich wissen, wie es heisst und wie es aussieht. Das Tier sollte während des Gesprächs nicht gestört werden, es muss aber nicht nah bei Ihnen sein. Lassen Sie Ihr Tier selber entscheiden, wo es sein möchte. Meistens geben mir die angesprochenen Tiere Details über ihr Aussehen bekannt, weil ich sie darum bitte. So kann ich bei einem Pferd zum Beispiel oft die Abzeichen sehen und frage dann nach, ob das stimmt, um sicher zu sein, dass ich mit dem richtigen Tier verbunden bin. Dabei stelle ich immer wieder fest, dass einigen Tieren ihr Aussehen wichtig ist, anderen gar nicht. Manche finden es nicht nötig, mir solche Kleinigkeiten mitzuteilen, sie sind aber meistens sofort präsent und bereit für das Gespräch. Nicht immer geht es gleich schnell. Manche Tiere sind skeptisch oder haben schlechte Erfahrungen mit Menschen gemacht und ich brauche länger, um das Vertrauen des Tieres zu gewinnen. Ganz selten passiert es, dass sich ein anderes Tier dazwischendrängt – auch das hat immer einen Grund.

Zuerst begrüsse ich das Tier, stelle mich vor und mache ihm meine Absicht klar, dies meist im Stillen. Dann stelle ich ihm die Fragen, die seine Menschenfreunde vorbereitet haben. Ist eine Antwort nicht klar, frage ich nach oder ich bitte das Tier um Wiederholung, da ich vielleicht nicht alles mitbekommen habe. Nach dem Gespräch bedanke ich mich beim Tier und verabschiede mich von ihm, damit ist die Verbindung unterbrochen.

Das Gespräch

Ein Gespräch mit dem Tier findet im Moment statt. Das, was das Tier beschäftigt steht im Vordergrund, vor allem wenn es zum Beispiel Angst oder Schmerzen hat. Eine junge Stute war nach einem Unfall auf der Fohlenweide ins Tierspital eingeliefert worden, als mich ihre Menschen voller Sorge anriefen. Die Ärzte hatten einen Beckenbruch diagnostiziert und man war nicht sicher, ob auch der Oberschenkelknochen gebrochen war. Es war die Rede davon, das Pferd zu erlösen, da die Diagnose unsicher und die Genesung fraglich waren. Als ich mit der Stute Kontakt aufnahm, spürte ich ihre Panik, getötet zu werden. Sie wollte nicht sterben. Als ihr versichert wurde, dass das nicht die Absicht sei, ging es der Stute sofort besser. Sie teilte uns auch mit, dass der Oberschenkel unverletzt sei. Einige Tage später konnte sie das Tierspital verlassen, die Ärzte waren sehr erstaunt über die plötzlichen Fortschritte. Sie musste danach lange in einer Boxe stehen, was sie geduldig tat. Durch das Gespräch konnte die Situation geklärt werden, zum Wohle aller Beteiligten. Indem wir der Stute die Angst vor dem Einschläfern genommen haben, konnte sie sich entspannen und ihren Körper bei der Heilung unterstützen. In solchen Situationen müssen wir dann nicht nach Dingen wie dem bevorzugten Futter oder der Lieblingsbeschäftigung fragen, das ist dem Tier in dem Moment egal, was es uns auch wäre.

Bei einem Gespräch mit einem Tier gelten die gleichen Regeln wie bei einem Gespräch unter Menschen, die sich noch nicht kennen gelernt haben. Indem wir uns vorstellen und unsere Absicht kundtun, gewinnen wir das Vertrauen des Tieres. Wir sollten nie direkt auf den wunden Punkt drücken, damit beweisen wir wenig Feingefühl und wenig Respekt, beides Eigenschaften, die es bei jedem Gespräch, mit wem auch immer, braucht. Wenn unsere Katze unsere Polstergruppe verwüstet und wir voller Wut die Frage stellen, warum sie das macht, können wir auf die Antwort vielleicht lange warten. Es braucht von uns Menschen Einfühlungsvermögen und die Fähigkeit, unsere eigenen Gefühle im Zusammenhang mit der unangenehmen Situation zumindest im Moment des Gesprächs zurückzustellen. Fragen wir aber, wie sich die Katze fühlt, ob ihr etwas zu ihrem Glück fehlt oder ob sie denn überhaupt weiss, dass wir ihr Verhalten missbilligen, haben wir eine Basis für ein konstruktives Gespräch geschaffen. Ich erinnere mich an einen Vortrag, den ich gehalten habe und wo die Leute Gelegenheit hatten, ihren Tieren eine Frage zu stellen. Und da war auch jemand mit einer Katze, die überall in der Wohnung Pfützen hinterliess. Auf die Frage, warum sie das tue, meinte sie, ihr hätte bis jetzt niemand gesagt, dass sie das nicht tun solle. Die Leute lachten, die Katzenhalter waren etwas verunsichert und die Katze war äusserst interessiert, weil ich mit ihr Kontakt aufgenommen und sie so viele aufmerksame Zuhörer hatte. Schön war es zu erfahren, dass diese Katze seit dem kurzen Austausch kein einziges Mal mehr unsauber war. Es war in diesem Fall nichts weiter als ein kleines Missverständnis, wie es tagtäglich immer wieder vorkommt.

Die Art wie wir die Botschaften und Antworten der Tiere erhalten, ist unterschiedlich. Ich bekomme sehr viele Informationen in Bildern, Ereignisse aus der Vergangenheit laufen wie eine Filmsequenz vor meinen inneren Augen ab, Schmerz fühle ich meistens körperlich, geht es um Futter, übermitteln mir die Tiere Gerüche oder aber direktes Wissen wie zum Beispiel die Information, dass im Futter zuviel Salz ist oder dass der Körper das Futter nicht vollständig verwerten kann. Meine Aufgabe ist es dann, die erhaltenen Bilder und anderen Informationen zu übersetzen. Dabei gilt es, die Gefühle hinter den Bildern zu spüren, damit das Bild nicht falsch interpretiert wird. Zeigt mir eine Stute beispielsweise ein Bild von sich mit einem Fohlen, ist es sehr wichtig dahinter zu spüren. Ist hinter dem Bild eine Sehnsucht, weil die Stute ein Fohlen haben möchte, oder ist es ein Schmerz, weil man ihr das

Fohlen weggenommen hat oder ist es grosse Trauer und Verlust, weil das Fohlen gestorben ist? In einer solchen Situation ist es wichtig beim Tier nachzufragen, und nicht etwa selber zu interpretieren.

Die Art, wie wir die Fragen stellen, trägt viel zu einem angenehmen Gespräch bei. Präzise Fragen erleichtern die Kommunikation. Fragen wir „Wie geht es dir?“ kommen vielleicht ganz viele verschiedene Bilder, kreuz und quer durch den Alltag oder bis zurück in Vergangenes, das Ganze auch noch sehr schnell. Oder aber das Tier antwortet nur knapp mit „gut“ oder es antwortet gar nicht, weil ihm diese Frage nicht wichtig erscheint oder es nicht weiss, was wir eigentlich wollen. Wenn wir die Aufmerksamkeit des Tieres wünschen, um mehr zu erfahren oder ein Problem anzugehen, müssen wir dem Tier Respekt entgegen bringen und uns gut vorbereiten. Oft werde ich gefragt, wie viele Fragen man denn stellen könne. Nun, so viele wie Sie möchten, manchmal erledigen sich einige Fragen schon von selbst. Sie können dem Tier die Fragen auch vor dem Gespräch vorlesen, das löst oft schon einige Unklarheiten. Befragen können Sie das Tier zu allen Bereichen ihres Zusammenlebens, oft auch weit darüber hinaus. Nehmen Sie sich Zeit und ergründen Sie, was Sie wirklich bewegt und was Sie wissen möchten. Stellen Sie die Fragen so, dass das Tier die Gelegenheit hat, seine Optik der Dinge zu zeigen, denn unsere Optik ist in den wenigsten Fällen die Optik unserer Tiere. Machen Sie sich also vor dem Gespräch keine Vorstellungen und erwarten Sie auch nichts, stellen Sie die Fragen und lassen Sie sich überraschen.

Zuhören lernen

Immer wieder ermahnen mich die Tiere, besser zuzuhören. Um richtig hören zu können, braucht es eine tiefe innere Ruhe und viel Vertrauen. Wir Menschen sind so schnell geworden, dass wir einen Grossteil der Informationen, die von aussen an uns herankommen, gar nicht wahrnehmen. Unsere Tiere haben es oft schwer, zu uns durchzudringen.

Was wir Menschen so gängig als zuhören bezeichnen, reicht bei Weitem nicht. Das Hören mit dem Herzen erfordert, dass alle Sinne offen und empfangsbereit sind. Die Voraussetzung also ist, ein guter Empfänger zu sein. Und genau hier liegt eine der Schwierigkeiten. Es braucht sehr viel Übung und Erfahrung, um ein wirklich guter und in jeder Situation uneingeschränkt offener Empfänger zu werden. Dem einen liegt das Zuhören besser, andere reden lieber selber. Beobachten wir uns genau, merken wir sehr schnell, zu welcher Sorte wir gehören und können uns entsprechend bemühen.

Einmal mehr zitiere ich hier J. Allen Boone, besser kann man es wohl nicht beschreiben: *Wenn ich versuchte, Strongheart zu hören und zu verstehen, wenn er wortlos zu mir sprach oder vielmehr, wenn der Geist des Universums durch ihn sprach, waren meine normalen Ohren ein grosses Hindernis. Sie waren an grobe und disharmonische irdische Klänge gewöhnt und unfähig, die zarte, allumfassende geistige Sprache aufzunehmen, besonders wenn sie durch einen Hund zu mir kam. Einen wirklichen Fortschritt machte ich erst dann, als ich mich mit grösster Gewissenhaftigkeit der „praktische verlorenen Kunst des Zuhörens" widmete, die, wie William Butler Yeats behauptete, „von allen Künsten der Ewigkeit am nächsten kommt".*

Immer wieder wird den Tierkommunikatorinnen der Vorwurf gemacht, sie seien während dem Gespräch allenfalls mit sich selber, sicher aber nicht mit dem Tier in Verbindung und würden ihre Sicht ins Tier hineindeuten. Das kann durchaus passieren. Es braucht wie gesagt viel Übung, um in jeder Situation, und sei diese noch so aussergewöhnlich, ein guter Empfänger zu sein und zu bleiben. Es kommt immer wieder vor, dass wir Kontakt zu einem Tier aufnehmen, das schwer missbraucht und verletzt wurde. Aber auch in einer solchen Situation dürfen unsere eigenen Emotionen nicht einfliessen, denn wenn das passiert, sind wir nicht mehr fähig, zu unterscheiden, was vom Tier kommt und was mit uns bzw. unseren Ängsten und eigenen Grenzen im Zusammenhang mit dem Thema zu tun hat. In solchen Momenten ist wahres Mitgefühl gefragt. Durch das stille Mitfühlen erweisen wir unserem Gesprächspartner, in diesem Falle dem Tier, unseren Respekt und zeigen ihm unsere Liebe. Ergehen wir uns in Mitleid, bringt das weder dem Tier noch uns etwas, es blockiert lediglich unsere Wahrnehmung und dadurch die Möglichkeit zu spüren, was in diesem Moment wirklich passiert. An einem Basiskurs hatte eine der Teilnehmerinnen ein sehr eindrückliches Erlebnis als sie mit ihrer Katze Kontakt aufnahm: Die Katze hatte ein paar Monate zuvor ihren Partner verloren und alle waren sehr traurig. Die Frau hatte alles getan, um die Katze aufzuheitern und erfuhr nun auf ganz klare und liebevolle Weise den Wunsch ihrer Katze, sie möge doch diese Trauerzeit akzeptieren, es gäbe keinen Grund, sich vor der Realität zu verschliessen und um jeden Preis Ablenkung zu suchen.

Oft werde ich gefragt, wie ich es aushalten würde, mit unglüklichen, kranken oder sterbenden Tieren zu sprechen. Ich bemühe mich, nicht zu werten und mir keine Meinung darüber zu bilden, was ich mit meinen physischen Ohren höre oder mit meinen physischen Augen sehe, denn nur dann kann ich wirklich zuhören, was das Tier mir mitteilen möchte. Sehr oft habe ich von Tieren in aus menschlicher Sicht offensichtlichen Notsituationen sehr viel gelernt. Den tiefen Frieden einer auf den physischen Tod vorbereiteten Seele zu spüren oder aber das Wissen zu erhalten über den Sinn einer Situation, das sind schöne und lehrreiche Geschenke.

Wenn ich einem Tier helfen kann, einen Schock besser zu verarbeiten und diesen dann loszulassen, ist das etwas sehr Schönes. Manchmal hilft allein das Gespräch über ein Trauma hinweg, manchmal ist es gut, mit dem Tier nochmals durch das Angst auslösende Ereignis hindurchzugehen und sich dann von dieser Last zu verabschieden, und manchmal sind andere Therapien nötig, um dem Tier zu helfen. Das Tier und auch der Mensch brauchen meine Emotionen nicht und sie können auch mit meinem Mitleid nichts anfangen. Mitgefühl kann ich zeigen, ohne emotional zu werden, einfach aus der Liebe und dem Respekt heraus, den ich für das Tier und seinen Menschen in diesem Moment empfinde. Diese Liebe schützt mich und hilft mir, klar zu sehen und zu hören. Jedes Gespräch ist anders, jedes auf seine Art einzigartig und wunderschön. Ich akzeptiere, dass nicht alle Tiere mit mir oder ihren Menschen reden wollen und dass nicht alle gleich „gesprächig" sind. Es geht dann auch nicht darum, irgendwo einen Schuldigen zu suchen. In diesem Moment und dieser Situation ist es eben so und es ist nicht an mir, das zu deuten oder werten.

Gerade am Anfang meiner Tätigkeit als Tierkommunikatorin setzte ich mich oft selber unter Druck und schaltete damit meine Filter aus. Eine geübte Tierkommunikatorin spürt, wenn die Verbindung schwächer wird oder auf eine Frage keine klare Antwort kommt. Meistens ist ein zu grosser Druck auf das Tier der Grund, es fühlt sich eingeengt oder nicht mehr wahrgenommen. Während eines Kurses bei Penelope Smith übten wir gemeinsam, diese Grenzen zu erfahren. Ich hatte Kontakt zum Chinchilla einer Kurskollegin. Das Chinchillaweibchen bereitete sich darauf vor, seinen Körper zu verlassen, was seine Menschenfreundin zwar wahrnahm, aber dennoch Mühe hatte, es einfach so still geschehen zu lassen. Das Chinchillaweibchen signalisierte, dass es ihm gut gehe und es nichts brauchen würde. Damit war alles gesagt, die besorgte Frau aber fragte weiter, wollte wissen, ob dem Tier dies oder jenes helfen könnte, und ich verlor den Kontakt zum Chinchilla, der ja deutlich zu verstehen gegeben hatte, worum es eigentlich ging, nämlich dass er in Ruhe seinen Körper verlassen konnte. In solchen Situationen gilt es, den Menschen am andern Ende der Leitung zu bremsen, so dass kein Druck auf das Tier und auf mich als Übersetzerin ausgeübt wird. Wenn ich mich von den Menschen unter Druck setzen lasse, bin ich nicht mehr klar genug, die Verbindung zum Tier wird schwächer. Wenn der Zeitpunkt nicht günstig oder reif ist, darf ich getrost akzeptieren, dass das Tier die Frage nicht beantworten will oder kann oder sie nicht für wichtig hält. Es ist auch nicht meine Aufgabe, ein Tier zu etwas zu überreden, was der Mensch will. Ich versuche dem Tier allenfalls die Sichtweise des Menschen zu erklären und bitte es dann um Mithilfe, damit das Problem gemeinsam gelöst werden kann.

Nicht immer verstehen wir alle Antworten der Tiere, manchmal erinnern wir uns im Moment nicht oder wir können mit der Information nichts anfangen, weil wir etwas anderes erwarten oder auf eine bestimmte Antwort warten. Besonders schön ist es, wenn dann einige Zeit später plötzlich alles klar ist. Patrizia schrieb mir: *Erinnern Sie sich noch an unser letztes Gespräch, kurz bevor Pintor am Zahn operiert wurde? Ich hatte ihn gefragt, ob er Schmerzen hat, und er beklagte sich über eine Stelle am Rücken von einem alten Sattel. Vom Zahn war keine Rede. Damals habe ich mir ehrlich gesagt gedacht, na ja mit den Diagnosen haut es nicht immer so hin. Vor einigen Tagen kam dann eine sehr gute Physiotherapeutin zu uns in den Stall und hat mit ihm gearbeitet. Das war sehr erstaunlich. Sie hat bei ihm genau diese Muskelverspannungen gefunden, von denen er gesprochen hat. (ich hatte das schon fast vergessen). Für mich ein Beispiel dafür, wie die Dinge ineinander greifen und wie wichtig es ist, Vertrauen zu haben!*

Seien wir also offen für alles, was unser Tier mitzuteilen hat. Und hören wir genau zu, nicht nur im Hinblick auf eine Aussage, die wir uns wünschen oder erwarten.

Vertrauen schaffen

Eine Verbindung von Seele zu Seele muss von Respekt und Liebe getragen sein, nur dann kann Vertrauen wachsen. Wir müssen uns bewusst sein, dass wir, üben wir Druck auf unseren Gesprächspartner aus, sehr viel Schaden anrichten können, abgesehen davon, dass wir selber dann nicht mehr offen und aufnahmefähig sind, da wir ja eine bestimmte Erwartung in das Gespräch einbringen. Es liegt in unserer Verantwortung, ehrlich und mit guter Absicht zu kommunizieren. Tun wir das, können wir sehr viel von den Tieren lernen und sie begegnen uns mit Liebe und schenken uns ihr Vertrauen. Sorgfalt ist ein wichtiger Aspekt im Umgang mit unseren Mitgeschöpfen. Gerade bei Tieren und Kindern ist das besonders wichtig, denn sie sind die medialsten Wesen auf dieser Erde und uns Erwachsenen in der Regel in dieser Beziehung weit überlegen. Betrachten wir die Dinge von dieser Seite, erstaunt es nicht, dass viele Tiere als Lehrer zu uns kommen. Das erlebe ich immer wieder in den Kursen und in den Gesprächen mit den Tieren von Kunden. Die Tiere wünschen sich, gehört zu werden: *Sprecht nicht über uns, sprecht mit uns!*

Auch wenn man eine telepathische Kommunikation vielleicht nicht mit menschlichen Massstäben messen kann, sie existiert, und unsere Gefühle und Emotionen beweisen das sehr deutlich. Wir Menschen meinen heute, alles messen, berechnen und planen zu müssen. Damit werten wir alles, bis ins kleinste Detail und sind weit davon entfernt, den Moment zu geniessen und ihn zu leben. Wer wertet ist nicht offen, und lässt den meisten seiner Sinne und seiner Intuition keine Chance mehr. Und es gibt wirklich nichts, wovor wir uns fürchten müssten, wenn wir ehrlich und in guter Absicht den Kontakt zu unseren Tieren und zu uns selber suchen. Um sich ganz zu öffnen, braucht es Vertrauen – das gilt für beide, das Tier und den Menschen. Und von diesem Vertrauen hängt die Tiefe des Gespräches ab. Hat das Tier traumatische Erlebnisse hinter sich, ist das Vertrauen in uns Menschen vielleicht getrübt. Dann gilt es, dem Tier zuzuhören, ihm unser Vertrauen zu schenken und ihm unsere Hilfe anzubieten. Erst dann wird es bereit sein, uns mehr darüber zu zeigen. Ich erinnere mich gut an ein Gespräch mit einem stolzen Hengst. Er war in seiner Heimat Amerika in einem Verschlag eingesperrt gewesen, wurde gerade mal herausgenommen, damit er einige Stuten decken konnte. Seine Verzweiflung und seine Wut über diesen Teil seines Lebens drückte er bei einem Gespräch sehr deutlich aus. Plötzlich passte alles zusammen, seine Angst vor geschlossenen Boxen, seine Panik gegenüber Männern mit schweren Schuhen, sein Bedürfnis nach Liebe und Anerkennung. Durch das Gespräch öffnete sich ein Ventil, und das Pferd konnte all diese schlimmen Erinnerungen rauslassen und dann später nach und nach loslassen. Die Fortschritte nach dem Gespräch waren deutlich zu sehen, das gegenseitige Vertrauen war gewachsen.

Oft muss der Mensch einem Tier zuerst beweisen, dass er es wirklich ehrlich meint. Besonders schön ist es, wenn bei einem Gespräch dieses Vertrauen sofort da ist, was meistens der Fall ist. Wichtig ist auch, mit welchen Voraussetzungen wir selber an das Tier herantreten. Sind wir wirklich offen für das, was unser Tier bewegt oder steht unsere Vorstellung darüber, wie wir dieses Tier gerne hätten, im Vordergrund?

Dazu kommt mir immer wieder das Gespräch mit einem Pferd in den Sinn. Seine Reiterin rief mich an, um von dem Pferd zu erfahren, warum es sich bei Springprüfungen so unkooperativ verhalte. Das Pferd zeigte mir sein Missfallen darüber, angestarrt zu werden, während es sich konzentrieren sollte. Es fühlte sich nicht wohl und empfand die Erwartungen der Menschen als starken Druck, dem es sich nicht gewachsen fühlte. Das Pferd war sehr offen, die Reiterin aber schien gar nicht zugehört zu haben. Sie meinte dann zu mir, ich solle dem Pferd sagen, es müsse diese Arbeit tun. Damals versuchte ich dem

Pferd zu erklären, was die Menschen von ihm erwarteten, und ich spürte seine Enttäuschung darüber. Ich habe sehr viel von diesem unglücklichen Pferd gelernt, heute würde ich mich weigern, das zu tun, denn es ist nicht meine Aufgabe, ein Tier zu irgendetwas zu überreden, was es nicht kann oder aus für ihn wichtigen Gründen nicht tun will. Hier ist es an uns Menschen, die Dinge anders zu sehen und nach für alle Beteiligten befriedigenden Lösungen zu suchen. Unsere Tiere sollen unsere Freunde und Partner sein, erst dann ist ein vertrauensvolles Zusammenleben möglich. Das heisst auch, dass wir vielleicht in die Situation kommen einzusehen, dass ein bestimmtes Tier nicht zu uns passt, weil wir unsere Ziele und Vorstellungen nicht ändern wollen oder können. In einem solchen Fall ist es ehrlicher, das Tier gehen zu lassen und ihm ein Leben zu ermöglichen, das ihm auch entspricht. Und vergessen wir nie, dass aus irgendeinem Grund eine solche Entscheidung zu fällen war, lehrreich ist sie ganz bestimmt.

Respekt schenken

Ein Gespräch mit einem Tier ist immer etwas sehr Persönliches. Als Tierkommunikatorin bin ich die Dolmetscherin und übersetze die empfangenen Botschaften so genau wie es mir möglich ist. Ich bin mir meiner Verantwortung bewusst, und ich schätze das Vertrauen, das mir Menschen und Tiere schenken. Ich wünsche mir, zwischen Mensch und Tier vermitteln zu können, dazu beizutragen, dass sie sich besser verstehen. Ich bin Tierkommunikatorin, nicht mehr und nicht weniger. Meine Arbeit sehe ich als Beitrag zu einem harmonischeren Miteinander unter allen Wesen, einer Zusammenarbeit zwischen dem Tier, seinem Menschen und zum Beispiel dem Tierarzt oder Therapeuten.

Ein Austausch mit den Tieren nimmt uns Menschen keine Entscheidungen ab. Viele Tierfreunde sind unsicher, ob sie das Richtige tun. Ralph beschreibt das so: *Nebst der Schwierigkeit Fragen zu finden, die man seinem Tier gerne stellen möchte, ist es oft noch schwerer mit den Antworten umzugehen und diese richtig zu verstehen. Ein Gespräch mit unserer kranken kleinen Maus hat mir gezeigt, dass sie wohl sehr krank ist und Mühe hat sich zu entscheiden, wie sie weitermachen soll. Ihr Kampf hat in meinen Augen zu lange gedauert. Hätte man sie erlösen müssen? Hatte sie gelitten? War es schlimm für sie? Fragen, mit denen ich mich allein gefühlt habe, unsicher und natürlich auch sehr traurig. Was wäre gewesen wenn ich mehr gewusst hätte? Was hätte ich getan wenn ich mehr gewusst hätte? Und vor allem hätte ich etwas tun können wenn ich mehr gewusst hätte oder hätte ich mich nicht getraut? Am Abend bevor unsere Kleine gestorben ist, hatte ich plötzlich keine Angst mehr um sie, ich fühlte Entspannung, Ruhe und Zufriedenheit. Was war geschehen? Wir hatten uns verabschiedet, wir sind den Moment zusammen gegangen, sicherlich körperlich noch anwesend aber dennoch längst weg an einen Ort, wo alles besser und klarer ist. Ich habe noch lange über diese Erfahrung nachgedacht und auch heute denke ich noch viel daran. Tierkommunikation ist nicht nur etwas, das zwischen der Übersetzerin und unseren Tieren abläuft, es ist vielmehr eine Herausforderung etwas Neues anzunehmen, auch wenn sich Situationen ergeben können, die schmerzhaft und unter Umständen sehr traurig sind. Die Bereitschaft anzunehmen was kommt, allein schon der Versuch zu verstehen, vor allem richtig zu verstehen was man gesagt bekommt, stellt für mich eine grosse Aufgabe dar.*

Dieses Beispiel zeigt auch, dass es zwar für uns, nicht aber für die Tiere etwas Neues ist, auf diese Weise Kontakt aufzunehmen. Wir sind gefordert, und zwar in unserem ganz persönlichen Sein, jeder auf seine Weise, mit seinen Fragen, seinen Erfahrungen. Das Zusammenleben mit unseren Tieren hat viele Aspekte, viele Schattierungen, und je mehr wir zulassen, desto mehr erfahren wir über sie und auch über ihre Aufgabe bei uns. Der Respekt, den wir dem Tier entgegenbringen, zeigt sich häufig auch an seinem Namen. Manchmal geben wir unseren Tieren Namen, an die eine Erwartung geknüpft ist oder die die Tiere erniedrigen. Einer meiner Helfer erklärte mir auf meine Frage, was es denn mit den Namen auf sich habe: *Solche Fragen sind ganz nach meinem Geschmack. Jeder Name steht in irgendeiner Weise mit seinem Körper in Verbindung. Wer einem Körper einen Namen gibt, gibt einen Teil von sich selbst hinein, bewusst oder unbewusst. Jemandem einen Namen geben hat auch immer etwas mit Dominanz und Macht zu tun. So ist das in eurer Welt. Im besten Fall gefällt mir der Name, der für meinen Körper ausgesucht wurde. Die Namen unserer Körper sagen auch immer etwas über den Auftrag des Daseins aus. Nimm zum Beispiel meinen jetzigen Körpernamen. Dieser Name verspricht Grosses, und zwar in Harmonie, Ehre und Ansehen. Der Name passt zu meiner momentanen Erscheinung. Ich bin gross, schön, stark und hebe mich von anderen ab. Und doch kann mit mir nur umgehen, wer die filigrane, zarte, harmoniebedürftige Seele dahinter erkennt und achtet. Meine Seele braucht keinen Namen, in dieser Dimension ist sie so rein, klar, prägnant und frei. Sie ist! Es gibt keine Fragen oder Attribute dazuzutun. Meine Seele ist einmalig, schön, vollendet, zerbrech-*

lich. Und sie kann in jeden Körper hinein, ob für kurz oder lang spielt keine Rolle.

Namen wie Blitz, Knall, Crash, Turbo oder Crazy erzeugen Energien, die nicht unbedingt zum Wohlbefinden des Tieres beitragen. Einigen Tieren ist ihr Name nicht so wichtig, andere wünschen sich einen neuen Namen oder nennen uns sogar ihren Namen. So wie Kurt, der Frosch, den ich während meiner Ausbildung zur Tierkommunikatorin kennen gelernt habe. Als ich am Morgen nach unserem nächtlichen Gespräch diese Erfahrung mit den andern Kursteilnehmerinnen teilte, lachten wir über den Namen. Er meinte nur, Kurt sei ein schöner Name, und sehr solide. Meine Hündin hiess eigentlich Estelle, als sie zu mir kam. Noch bevor sie da war, hörte ich bei einem Spaziergang mit Monet plötzlich ihren neuen Namen: Japa.

Mit der Wahl eines Namens erniedrigen wir das Tier, vor allem wenn wir eine Schwäche – nach unserer Wertung wohlverstanden – zu seinem Rufnamen machen und den Hund, die Katze oder das Pferd dann mit Dicker, Wurst oder ähnlich netten Bezeichnungen anreden. Auch wenn wir sehr grosse Erwartungen in den Namen legen, hemmt das oftmals die Entfaltung des Tieres, weil es instinktiv spürt, dass es eigentlich nicht gut genug ist, um unsere Wünsche zu befriedigen.

Wenn Tiere leiden

Ein Thema, das immer wieder auch in den Kursen angeschnitten wird, ist die Kommunikation mit Tieren, die in Not sind. Immer wieder werde ich gebeten, mit Tieren Kontakt aufzunehmen, die aus der Sicht der Menschen leiden. Das ist ein sehr heikles Thema und ich frage dann, was die Absicht dieses Gesprächs sein soll. Grundsätzlich kommuniziere ich nicht über Dritte mit einem Tier, das in keiner Beziehung zu dem hilfesuchenden Menschen steht. Warum? In erster Linie aus Respekt vor dem Tier. Es ist nicht so, dass ich mich vor dem Leid der Tiere verschliesse, ich bin aber der Meinung, dass wir Menschen uns nicht in alles einmischen müssen. Es gibt so viele andere Möglichkeiten, einem Tier zu helfen, beispielsweise mit Hilfe einer Tierschutzorganisation. Ich rufe jeweils die Helfer und Schutzengel des Tieres um Hilfe an und bitte sie, das Tier auf seinem Weg zu unterstützen. Meine Aufgabe sei es zu helfen, argumentierte da eine Kursteilnehmerin und es sei doch meine Pflicht, dies gerade bei Tieren zu tun, die leiden. Das Leiden wird dabei immer gerne aus unserer Sicht gedeutet, wir sind es, die entschieden haben, wann das Tier leidet. Und mit dieser Einstellung treten wir dann auch an das Tier heran. Die Basis für ein Mitfühlen ist dadurch sehr schlecht, und wir möchten ja auch nicht mit jemandem sprechen, der bereits alles über uns zu wissen glaubt. Es ist mir klar, dass wir im Laufe unseres Lebens viele verschiedene Erfahrungen machen, auch schmerzhafte und solche, die wir nicht sofort als das erkennen, was sie sind. Wir können auch nicht alles Unangenehme abwenden, manchmal brauchen wir diese Erfahrungen, um weiter lernen zu können. Das Wissen aber, dass wir mit unserem Problem oder unserer Angst nicht alleine sind, ist etwas sehr Tröstliches. Erweisen wir also allen Tieren unseren Respekt und schenken ihnen unser Mitgefühl, egal in welcher Situation sie sich gerade befinden und akzeptieren wir, dass wir zumindest im Moment nichts daran ändern können. Ich habe schon mehrmals erlebt, dass sich die Bedingungen von Tieren in für mich aussichtslos scheinende Situationen plötzlich wie von selbst verbessert haben. Haben wir den Mut hinzusehen und unterstützen wir die Tiere so, wie es uns möglich ist. Und vor allem: Sehen wir auch die Not der involvierten Menschen, sie unterscheidet sich oft nicht wesentlich von derjenigen der Tiere. Vielleicht hat das Tier auch seinen Weg gewählt, um eine karmische Verbindung aufzulösen oder aber es braucht diese Erfahrung für seinen weiteren Weg. Und vergessen wir nicht, dass es nie nur einen Aspekt oder einen Blickwinkel gibt.

Wie gesagt, es gibt viele Möglichkeiten, einem Wesen zu helfen. Aus meiner Erfahrung bewirken positive und liebevolle Gedanken mehr als Kämpfe. Sehen wir die Tiere nicht immer gleich als Opfer, dadurch erheben wir uns über sie. Sie sind es nicht, genauso wenig wie wir Opfer sind, wenn wir es nicht sein wollen. Wir sind hier um zu lernen, um uns weiter zu entwickeln, alles was wir antreffen, hat mit unserem persönlichen Lebensweg zu tun. Unsere Tiere haben uns ausgewählt, um ein Stück dieses Weges gemeinsam mit uns zu gehen. Eine Kursteilnehmerin meinte, dass sie doch die Verantwortung für die bei ihr lebenden Tiere übernommen hätte und dass sie deshalb eine grosse Verpflichtung hätte. Das stimmt schon, was die alltäglichen Pflichten angeht, die Tatsache aber, dass genau diese Tiere mit ihren Problemen, Stärken und Schwächen bei ihr leben, diese Verantwortung muss und kann sie nicht tragen.

Wenn wir jeden Tag unser Bestes geben, können wir nichts falsch machen. Überprüfen sollten wir aber, ob unsere Vorstellung darüber, wie unser Tier sein soll, einer tieferen Verbindung nicht vielleicht im Wege steht. Wenn wir also zum Beispiel sehr hoch gesteckte sportliche Ziele haben, tun wir gut daran, ein Pferd zu suchen, das uns dabei unterstützen will und dies auch kann. Unsere Ziele sollten nicht auf Kosten anderer erreicht werden.

Es ist möglich, für Mensch und Tier, Vergangenes loszulassen und in der Gegenwart weiterzuleben – helfen wir den Tieren dabei, indem wir nicht ständig daran denken, was sie aus unserer Sicht Schreckliches erlebt haben. Trennen wir uns von vergangenen Schmerzen und freuen uns an der Gegenwart. Wenn wir mit Wut und Enttäuschung an vergangenen Erlebnissen festhalten, wird auch unser Tier diese nicht loslassen können.

In diesem Zusammenhang erinnere ich mich an ein Gespräch mit einem Hund, der während eines heissen Sommers im Auto seines Menschen den Tod gefunden hatte. Gerade in solchen Situationen zeigt sich, wie gut wir zuhören können, und ich muss zugeben, ich musste mich auch überwinden, dieses Gespräch zu führen und auch dem Menschen ohne Vorurteile zu begegnen. Ich respektierte ihn für seinen Mut, mich anzurufen und das Gespräch brachte viel Klärung. Der Hund war bereit gewesen zu gehen, und sein Tod sollte auffallen, denn er hatte seinem Menschenfreund eine Botschaft zu übermitteln: *Du wirst dieses Land verlassen, und das ist gut so. Du liebst mich und ich liebe dich, ich habe diesen Tod gewählt um dich wach zu rütteln. Lebe dein Leben und verwirkliche deine Träume!*

Mit Tieren leben

Die Auswirkungen eines tieferen Verständnisses untereinander auf den Alltag sind gross. Vielen Menschen geht es ähnlich, nach dem Gespräch mit ihrem Tier ist das Verhältnis enger, klarer oder zumindest anders. Eine Kundin beschreibt das so: *Was ich aus dem Gespräch gelernt habe, ist, dass ich vielmehr mit meinen Katzen rede und sie noch besser beobachte. Ich muss fast jeden Tag wieder lachen, wenn ich Kandie die Tür öffne, Sie erinnern sich vielleicht noch, dass Kandie die Katzentüre nicht benutzt.*

Wir können unsere Tiere unterstützen, indem wir uns für ihre Botschaften öffnen. So erledigen sich viele kleine Probleme von selber. Die Tiere haben oft keine andere Möglichkeit, als sich durch ein auffälliges Verhalten Aufmerksamkeit zu verschaffen. Die Tiere wollen mit uns zusammenleben und zwar als gleichwertige Partner. Sie wollen ernst genommen und gehört werden. Erklären wir unseren Tieren, was passiert und was uns bewegt, fällt es ihnen leichter, uns zu verstehen. Barbara schrieb mir nach einem Gespräch mit ihrem Kater, der jeden Tag halbtote Mäuse und Vögel nach Hause brachte und frühmorgens seine Stimme zu trainieren pflegte: *Von meinem Kater Corlone (in diesem Moment kommt er von draussen rein in die Küche, er spürt wohl, dass ich von ihm schreibe) kann ich manchmal fast nicht genug kriegen. Er gibt mir aber zu verstehen, dass es jetzt reicht. Seit unserem Gespräch hat er mir erst zwei Tiere mitgebracht und keines mehr lebend. Aber das Grösste finde ich, dass er mich nicht einmal mehr morgens um fünf Uhr geweckt hat. Vielleicht erinnern Sie sich noch, er sagte: „Ich schau mal was ich machen kann". Ich verschone ihn dafür mit meinem Geschwatze am Morgen bevor ich zur Arbeit gehe, welches er ja nicht wirklich hören möchte. Ich beschränke mich auf ein „Tschüss, Lieber", was er, glaube ich, auch zu schätzen weiss. Das alles erfüllt mich mit sehr viel Freude.*

Wir können die Tiere jederzeit um Unterstützung bitten, sie helfen uns meistens gerne. Wir haben die Möglichkeit, unseren Tieren zu erklären, was wir gerne von Ihnen hätten und was unsere Probleme sind. Das können Sie selbst, dazu brauchen Sie keine Tierkommunikatorin. Sprechen Sie zu ihrem Tier mit Worten, die dazugehörigen Bilder liest das Tier in ihren Gedanken. Stellen Sie sicher, dass ihr Tier ihnen zuhört, wenn sie ihm etwas Wichtiges zu sagen haben. Sändys Kater war mit dem neuen Lebensgefährten seiner Menschenfreundin überhaupt nicht einverstanden und zeigte dies, indem er an das Polstersofa markierte. Sie konnte nicht zu ihm durchdringen, er war nicht bereit, zuzuhören und die Situation spitzte sich weiter zu. In ihrer Verzweiflung rief mich Sändy an und bat um Hilfe. Als er weiterhin auf stur schaltete, griffen wir zu einer drastischeren Lösung: Wir teilten ihm mit, dass er, würde er sein Verhalten nicht ändern, fortan im Tierheim leben müsse. Er könne sich entscheiden, sich entweder an die Hausordnung zu halten und weiterhin mit seiner Menschenfreundin und deren Partner zusammenzuleben, oder eben auszuziehen, und zwar ins Tierheim. Nicht dass ich solche Methoden regelmässig anwende, ich tat dies auch nur, weil ich Sändy gut kenne und weiss, dass sie wirklich alles probiert hatte und auch sehr lange Geduld mit dem Kater gehabt hatte, bevor sie sich an mich wandte. Auf jeden Fall hat es gewirkt, er zog es vor, bei seiner Familie zu bleiben.

Wichtig ist, in solchen Ausnahmesituationen ruhig zu bleiben und seine Ziele klar zu formulieren. Dabei sind wir Menschen in unserem Denken gefordert. Denken wir chaotisch, werden sich unsere Tiere entsprechend verhalten. Eine weitere menschliche Angewohnheit ist die Verwendung des Wortes „nicht", unsere Tiere aber kennen keine Verneinung. Wenn wir also zu unserem Hund sagen, er solle in den Garten hinausgehen und bitte nicht bellen, wird er genau das tun. Warum? Ganz einfach, das Bild in unserem Kopf ist dasjenige des bellenden Hundes und dieses Bild haben wir unserem Hund übermittelt. Und nun kommt unser nächstes Problem: Für viele Verneinungen finden wir auf Anhieb keine positive Formulierung. Das ist traurig, aber so ist es. Ich war ziemlich schockiert, als ich begann, meine Worte genauer zu beachten und feststellte, wie oft ich etwas negativ formulierte. Und noch viel verwirrter war ich, als ich für einige Dinge keine positive Formulierung fand. Auch heute noch fällt es mir oft schwer, die negativen Formulierungen auszuwechseln. Wir sind es leider gewohnt, unseren Tieren und auch unseren Kindern ständig zu sagen, was sie nicht tun sollen. Damit stellen wir uns über sie und glauben, sie ständig korrigieren zu müssen. Freuen wir uns stattdessen doch öfter an ihren Stärken und ihrem Humor.

Die Kommunikation mit unseren Tieren läuft auf zwei Ebenen. Da ist der physischen Körper, den wir alle auf diese Erde mitbringen. Ihm eigen sind gewisse Verhaltensweisen und Instinkte. So wie wir lernen müssen, uns unseren Hunden beispielsweise verständlich zu machen, so müssen unsere Hunde lernen, was wir von ihnen wollen und wie sie das Gewünschte ausführen können. Dazu braucht es keine miesen Tricks, suchen Sie sich eine gute Hundeschule, wo Mensch und Tier sich mit Respekt begegnen und wo Sie und ihr Hund gemeinsam lernen und Spass haben können. Und wählen Sie einen Reitlehrer oder Pferdetrainer, der zu ihrem Pferd und zu Ihnen passt.

Die andere Ebene ist die seelische, das Bewusstsein des Tieres. Die Verbindung von Körper und Seele ist nicht immer gleich stark. Manche Wesen haben Mühe mit ihrem gegenwärtigen Körper, sie kommen damit einfach nicht so zurecht, wie sie es sich vielleicht gewünscht hätten. Jungen oder auch stark traumatisierten Tieren passiert es manchmal, dass sie die Verbindung zu ihrem Körper vorübergehend verlieren, und wenn entweder der Instinkt durchdrückt oder die Angst sehr gross ist, wird es schwierig, ihre Aufmerksamkeit zu erlangen. Sie vergessen sich und sind nicht mehr ansprechbar, auf keiner Ebene. Das passiert übrigens nicht nur den Tieren.

Und ob es uns gefällt oder nicht, die Tiere widerspiegeln sehr oft unsere eigenen Schwachseiten. Wenn ich den Stress und die Hektik, die meinen Büroalltag kennzeichneten, mit in den Sattel nahm, reagierte mein Pferd Cazador mit Bocksprüngen. In den Gesprächen ermahnen die Tiere uns sehr oft, selber weniger Belastendes mit uns zu tragen und die Schönheit zu sehen, die uns umgibt. So auch bei der Katze Röteli, die mit gesundheitlichen Problemen zu kämpfen hatte, hier die Rückmeldung ihrer Menschenfreundin: *Röteli kam wie vorausgesagt zwei Tage später nach Hause. Sie hatte nur noch etwas Beschwerden im Bauch und Darm, wie sie dies ja auch gesagt hatte. Ich habe sie dann wie versprochen in ihrem Korb durch den Garten getragen. Sie konnte nicht genug davon kriegen, obwohl ihre geliebten hellen Blumen bereits verblüht waren. Meiner Mutter geht es gut. Wir sind beide am Arbeiten, dass nicht zuviel Belastendes auf sie zukommt und dass wir vermehrt das Schöne sehen im Leben. Das kann ich auch gebrauchen, ich denke wir alle.*

Manchmal sehen wir nur die Probleme, und die Tiere verstehen unser Verhalten ebenso wenig, wie wir das ihre. Ein Papagei hatte begonnen, sich die Federn auszurupfen. Bei unserem Gespräch beklagte der Papagei, dass der Mann in der Familie ihn nicht mehr wie immer zuerst begrüsse, wenn er nach Hause komme. Es stellte sich dann heraus, dass der Mann eine neue Arbeitsstelle angetreten hatte, wo er viel unterwegs war und abends Rapporte schreiben musste. Das tat er zu Hause, bevor er seinen Papagei begrüsste. Dieses Beispiel zeigt, wie eng unsere Tiere mit uns zusammenleben und wie wichtig es für sie ist, wahrgenommen zu werden. Wenn wir in unserem Rhythmus etwas ändern, sollten wir unsere Tiere informieren, das erleichtert ihnen die Umstellung.

Auch übernehmen die Tiere oft unsere Krankheiten, Ängste oder Sorgen. Sie zeigen uns das dann nicht selten über ihren Körper, weil das vielleicht ihre einzige Möglichkeit ist, sich auszudrücken. Manchmal reagieren unsere Tiere mit für uns unangenehmen Dingen, um uns aufmerksam zu machen. Sie wecken uns mitten in der Nacht, verweigern ihr Futter, zerstören unsere Möbel oder sind so anhänglich, dass wir uns kaum noch bewegen können. Und je näher wir involviert sind, desto weniger merken wir oft, was Sache ist. Bewahren wir also Ruhe, wenn unser Tier sich in unseren Augen unmöglich benimmt. Mit etwas Abstand sehen wir klarer. Als Erstes gilt es, unsere eigenen Reaktionen zu analysieren. Was genau passiert mit uns, wenn zum Beispiel unser Hund draussen bellt. Ist es Ärger, weil wir uns gestört fühlen, ist es Wut, weil wir glauben, die Kontrolle zu verlieren oder ist es vielleicht Angst, weil die Nachbarn gestört werden könnten? Fangen wir bei uns selber an zu analysieren und angesammelte negative Gedanken und Erlebnisse loszulassen, unsere Tiere werden sich freuen.

Von Tieren lernen

Immer wieder treffe ich Tiere, die sehr genau wissen, was sie tun möchten und was sie als ihre Aufgabe in ihrem gegenwärtigen Leben sehen. Da waren schon einige Hunde, die mit ihren Menschen hinausgehen und Glück unter die Menschen bringen wollten, die einen hatten sehr genaue Vorstellungen, zeigten, dass sie gerne mit Kindern oder behinderten Menschen zusammen wären. Oder das Islandpferd, das seiner Menschenfreundin sagte, sie beide seien Boten, um das Miteinander von Pferd und Mensch zu zeigen, es sei nun Zeit: *Wir sind Botschafter für die Verbindung von Mensch und Tier, lass uns hinausgehen und durch unsere Körper diese Seelenverbindung zeigen. Die Menschen glauben nur was sie sehen.*

Viele Pferde sind Profis in dem Gebiet, wo sie eingesetzt werden. Ich habe im Laufe der Zeit mit vielen Sportpferden gesprochen und sie haben mich immer wieder beeindruckt mit ihrem Wissen über ihr Können und ihre Einstellung zu ihren Stärken und auch Schwächen. Diese Pferde waren in der Lage, ihren Reitern sehr genau zu sagen, wie sie besser unterstützt werden könnten. Auch wenn es vielen Menschen ungewöhnlich scheint, von einem Tier Ratschläge anzunehmen, wenn wir es tun, verändert sich unser Leben zum Besseren. In dem Moment, wo wir die Tiere wirklich neben uns leben lassen und uns icht über sie stellen, wird sich unsere Beziehung vertiefen. Die Stute Leona hatte Angst vor Berührung an ihren Beinen, die Vorübungen zur Piaffe waren für sie deshalb sehr unangenehm und sie wehrte sich gegen die unterstützend eingesetzte Gerte an ihren Hinterbeinen. Sie meinte, man solle sie doch bitte am Oberschenkel unterstützen, das könne sie zulassen. Gerne erinnere ich mich auch an ein Dressurpferd, das von seinem Reiter sehr geachtet wurde. Beim Gespräch erklärte es seinem Reiter, er solle beim Galoppwechsel nicht soviel Druck ausüben aus

Angst, es funktioniere nicht. Und der Reiter solle ihn auch nicht auf ein Podest stellen und bewundern, er wolle ein gleichberechtigter Teil ihrer Beziehung sein. In beiden Fällen trugen die Sichtweisen der Pferde zu einer besseren Verständigung bei und die Lektionen klappten problemlos.

Wir lernen von unseren Tieren, wenn wir dazu bereit sind. Sie helfen uns, im Hier und Jetzt zu leben, öffnen unsere Herzen und lehren uns, zu lieben, und darüber hinaus eröffnen sich uns ganz neue Perspektiven. Ich erinnere mich an eine Begegnung mit einem Dachs, ich fragte ihn nach seiner Beschäftigung: *Eins zum andern fügen, verbinden, Geist, Seele, Körper. Ich schaffe Klarheit, räume auf, trenne, sichte, dann ist der Weg frei um zu erkennen. Ihr Menschen lernt von mir, Ordnung zu halten, innerlich und äusserlich, das gehört zusammen. Was innen lebt wirkt kraftvoll nach aussen.* Weiter befragte ich den Dachs, was ich von ihm lernen könne, hier seine Antworten: *Werde ruhig, verbinde Körper und Geist, wo wirkst du kraftvoller und stärker nach aussen. Es ist deine Bestimmung, mit uns Tieren, deinen Lehrern zu gehen, verzweifle nicht, wir helfen dir, wissen um deine Zweifel und deine Strenge. Werde sanft und weich, das schafft Verbindung.*

Wir sollten mit uns selber freundlich und liebevoll umgehen. Nur wenn wir auch uns selbst einen Wert geben und nicht immer glauben, wir seien zu wenig gut, werden wir im Vertrauen weitergehen können. Die Katze Kali hat das so ausgedrückt: *Wir brauchen Ruhe, Sanftheit und Klarheit, das gibt Kraft und Energie.*

Nach einem Basiskurs schrieb mir Brigitte, und es ging auch um dieses Vertrauen in ihre Fähigkeiten: *Natürlich bin ich hier zu Hause auch fleissig am ausprobieren, manchmal klappt es besser, manchmal weniger. Es ist schon faszinierend, wie sich meine Beziehung zu meiner Katze Bahiana fast täglich ändert - positiv - und wie klar sie kommuniziert. Interessant ist auch noch Folgendes (und für mich eine schöne und dankbare*

Bestätigung): Während des Kurses am Sonntag hatte sich ja Wayne gemeldet, als ich mit Bahiana sprechen wollte, und Bahiana hat sich ein wenig vermüffelt zurückgezogen bis es mir gelungen ist, Wayne auf dem Wartebänkli zu platzieren. Als ich nach Hause kam, fragte mich mein Mann, was ich denn mit Bahiana gemacht hätte kurz nach drei Uhr; sie sei wie eine Wilde auf ihren Kratzrugel losgegangen, hätte alle Decken runtergezerrt, den Tannzapfen durch die Stube geschleudert und hätte ein grimmiges Gesicht gemacht; sie wollte nicht mal mit zum Schlitteln mit ihm und unserer Kleinsten. Ich musste natürlich grinsen, es war exakt der Zeitpunkt, als ich versuchte, Wayne zu "verschieben", damit ich zu Bahiana kam. Und dann hab ich noch was bemerkt: Ich habe immer darauf gewartet, Bahiana zu "hören", konnte mir aber gleichzeitig nicht vorstellen, wie sie denn tönen würde, wenn ich sie hören könnte. Letzte Woche habe ich festgestellt, dass sie tönt wie ich; d.h., ich bekomme ganze Sätze, die ich nie einordnen konnte und gedacht habe, ich würde jetzt verrückt und führe Selbstgespräche, oder meine Gedanken spielen mir einen Streich. Dabei ist es ja Bahiana, die mir das gibt. Es war sehr schön, das zu merken. Auslöser war Maggie, die mir gesagt hat, ihre Zina hätte ihr manchmal englisch geantwortet, und da musste ich sie natürlich fragen, wie sich denn das anhörte, und so bin ich drauf gekommen, dass ich Bahiana ja schon lange gehört habe... Na ja, ich hab ja statistisch gesehen noch vierzig Jahre Zeit das zu lernen, nicht wahr?

Erlebnisse und Erfahrungen

Die Tiere finden uns, egal ob wir sie suchen oder nicht einmal daran denken, mit einem Tier zusammenleben zu wollen. Die Kommunikation zwischen Menschen und Tieren findet auf verschiedenen Ebenen statt, es muss nicht immer ein direktes Gespräch sein, das Brücken zwischen Tieren und Menschen schafft. Vielleicht kommt Ihnen die Geschichte von Karin gar nicht so fremd vor: *Mit Katzen hatte ich nie viel am Hut – und sie nicht mit mir. Obgleich uns mal ein schwarzer Kater zugelaufen ist; aber der suchte einfach ein neues Revier. Als wir weiter zogen, blieb er dort, übernahm die Nachmieter. Ansonsten war mein Mann hoch im Kurs, bei Tiger, Fuchs oder Siam. Bis wir einst auswärts ein Fest feierten und ich (todmüde nach Trinken, Trubel, Tanzen) ins Bett sank. Erst auf der Matratze realisierte ich, dass etwas schwarz-weiss Geflecktes, Pelziges auf dem Kopfkissen thronte. Es war die Mieze, welche hinter dem Buffet hervorgespäht hatte. Sie schlich sich klammheimlich dazu (die Treppe hoch, husch herein). Mein Mann meinte: „Du wirst sehen, die hält es nicht lange aus. Miaut, zappelt herum, will auf die Gasse.“ Denkste! Am nächsten Morgen blinzelte unser Gast früh in die Sonne, äusserst diskret. Darauf bedacht, die zwei Siebenschläfer nicht zu wecken. Erst nach einer Weile knabberte die Kleine an meinem Zeh. Am Schluss gab es einen Nasenstüber. Hiess wohl: „Los, jetzt aber“. Nach dem Zmorge inspizierte der Vierbeiner unser Auto. Danach ward er nicht mehr gesehen. Aber er entfachte eine frappante Wirkung. Von diesem Tag an schnitt mich seinesgleichen nicht mehr. Guckte interessiert, kam auch mal näher, strich um die Beine. Drei Jahre später war es soweit. Shiva hielt Ein-*

zug, vierfarbig, schlau und scheu. Mittlerweile wurde aus dem „Landei" eine perfekte Diva: faszinierend, kapriziös, unberechenbar. Dreimal dürfen Sie raten, wo die Dame schläft …

Solche Begegnungen sind häufig, vor allem wenn wir darauf zu achten beginnen. Bei meinen Spaziergängen mit den Hunden im Wald treffe ich oft ein paar Tage oder gar Wochen lang eine bestimmte Tierart viel häufiger als sonst, einmal sind es Eichhörnchen, die vor mir über den Weg flitzen, dann wieder höre ich Spechte hoch oben in den Bäumen klopfen oder Frösche quaken. Manchmal haben sie eine Mitteilung für mich, manchmal erinnern sie mich daran, den Alltag leichter und freudiger anzugehen. Begegnungen mit Tieren sind für mich immer wieder etwas Besonderes und Kostbares. Wenn wir uns dann auf die Verbindung einlassen und den Kontakt suchen, sind wir in unserem Innersten berührt.

Ein Gespräch mit unserem Tier kann sehr Vieles bewirken, als Erstes verändert sich wohl unsere Sichtweise und unsere Einstellung, oft erkennen wir das Tier neu, fühlen uns ihm näher und respektieren es vielleicht mehr als vorher. Kleinere Alltagsprobleme lassen sich oft ganz einfach lösen, indem jeder der Beteiligten seine Sicht der Dinge erläutern kann. Eine Kundin schrieb mir nach dem Gespräch mit ihren beiden sich ständig streitenden Katern: *Liebe Frau Fenner, vielleicht interessiert es sie ja, mein Kater Juni ist gestern ganz zivilisiert an Fux vorbei ins Freie gegangen und Fux hat nicht gefaucht (davongelaufen ist er dann später).* Natürlich interessiert mich das, ich freue mich immer über Rückmeldungen, senden Sie mir ruhig weiterhin ihre Geschichten, Erlebnisse, Erfahrungen oder das Protokoll des Gesprächs. Da war zum Beispiel die Hündin Lisa, deren Menschenfreundin für drei Monate nach Australien reiste. Beim Gespräch erklärten wir der Hündin, dass sie bei der Tochter und deren Hund im selben Haus wohnen würde und dass sie sich keine Sorgen machen müsse, sie solle vielmehr die Zeit geniessen und sich entspannen. Einige Tage später rief mich die Tochter der Kundin an: Lisa ging es sehr gut, sie hatte keine Minute nach ihrer Menschenfreundin gesucht und war bei guter Laune. Was ich selbst erfahren habe, höre ich auch immer wieder von meinen Kunden: *Durch unser Gespräch wurde mir die Tür zu einer neuen erweiterten Welt der Pferde geöffnet. Es tun sich immer neue Fragen auf. Wenn ich dieses Erlebnis besser verarbeitet habe, melde ich mich wieder.* Die wenigen Worte fassen sehr schön zusammen, was ein ehrliches Gespräch zwischen Tier und Mensch bewirken kann. Zuerst einmal ist da ein Blick hinter eine Tür, die bisher verschlossen war. Eine Erfahrung, die sehr intensiv, verwirrend und beängstigend zugleich sein kann. Und wenn sich diese Türe einmal geöffnet hat, können wir nicht genug kriegen. Viele neue Fragen stellen sich, und dann gilt es, das Erlebte erst einmal zu verdauen und vielleicht einen Moment ruhen zu lassen, sodass auch wir wieder zur Ruhe kommen.

Ähnlich erging es auch Ralph nach unserem Gespräch mit seinen neuen Tiergefährten, drei jungen Wüstenrennmäusen: *Das Gespräch hat mir gezeigt, dass nicht das Verhalten der Tiere Grund für ihre Scheu war, sondern einzig unsere fordernde Haltung ihnen gegenüber. Kaum hatten wir uns jeweils bewegt, um einen Blick auf sie zu erhaschen, waren sie weg, verschwunden, so dass wir auch unter Zuhilfenahme einer Taschenlampe nichts mehr von den Mäusen zu sehen bekamen. Hatten wir etwas falsch gemacht? Hatten wir sie vielleicht zu sehr erschreckt? Nein. Die Antwort die wir von ihnen erhalten haben war unmissverständlich und völlig klar: „Es ist eure fordernde Haltung, die es uns nicht möglich macht zu euch zu kommen.“ Was folgte? Wir änderten unsere Einstellung und wurden reich belohnt. „Füchschen“ hatte ausrichten lassen, ihr gefielen Haare sehr gut – einen Tag nach dem Gesprächs sass sie auf dem Kopf meiner Freundin und erfreute sich an ihren Haaren. Nicht dass meine Freundin mit diesem Gedanken zum Käfig ging, im Gegenteil, sie wollte lediglich nach dem Futter schauen. Nachdem wir unser Verhalten den Mäusen gegenüber geändert hatten, sahen wir unsere Kleinen in wenigen Tagen häufiger als in den ganzen Wochen zuvor.* Wir Menschen müssen unter Umständen unsere Optik ändern, erst dann sind wir offen für neue Sichtweisen. Wir beginnen, unser Tiere genauer wahrzunehmen, uns vermehrt zu fragen, was sie wohl beschäftig oder was sie mögen und was nicht.

Sehr oft sind es kleine Missverständnisse, die unseren Tieren und uns das Leben schwerer machen als nötig. *Letzte Woche hatten Sie mit unserem Kater Mitch ein Gespräch. Er wollte nie nach Hause kommen. Dank Ihnen fanden wir heraus, dass er nicht so gerne alleine ist und gerne wissen möchte, wann wir zu Hause sind. Auch haben wir gemerkt, dass der Weg nach Hause für ihn nicht optimal ist. Ich habe entsprechende Anpassungen getroffen und seither klappt es! Wenn ich ihn rufe, kommt er von weit her gerannt und kommt sofort in die Wohnung. Oder wenn ich ihm sage, dass ich um 12.00 Uhr zu Hause bin, höre ich pünktlich um 12 die Katzenklappe! Wahnsinn. Wir sind sehr froh, dass das alles nun klappt und wir uns mit unserem Tiger endlich verstehen.* Lassen sich die Dinge auf so einfache Weise lösen, ist das für alle Beteiligten immer sehr schön.

Wie wichtig das gegenseitige Verständnis und die Klarheit über eine Situation sind, zeigt die folgende Geschichte, die Sandy als Leserbrief nach Erscheinen eines Artikels über Tierkommunikation verfasst hat: *Ich hatte ein New Forestpony namens Winston gekauft. Das Pony kam aus den Niederlanden, also wusste ich eigentlich nicht viel über seine Vergangenheit. Nach drei Wochen hatte Winston einen Unfall in der Boxe, eine Sehne war gerissen. Ich wusste nicht mehr weiter, sollte und konnte ich Winston behalten? Also beschloss ich, ihn selber zu fragen. Winston sagte mir, er sei früher im grossen Springsport gegangen – was mir übrigens kürzlich von der Vorbesitzerin in den Niederlanden bestätigt wurde – und es sei für ihn schwierig, wochenlang in der Boxe zu stehen. Er wisse aber, dass das sein müsse. Er meine auch, dass wir zusammen eine wunderschöne Zeit erleben würden. Also wusste ich, er ist mein Traumpony. Nach sechs Wochen durfte er im Schritt gehen: er war niemals übermütig oder ungehorsam in dieser Zeit. Das Unglaublichste aber war für mich, dass er mir lautstark zuwieherte, als ich nach dem Gespräch in den Stall kam. Das war meine Bestätigung.*

Ein Gespräch mit unserem Tier kann uns auch Aufschluss über Ereignisse aus der Vergangenheit bringen. Marion hat diese Erfahrung gemacht: *Als ich den Bericht über Tierkommunikation las, freute ich mich riesig. Rund zwei Wochen zuvor hatte ich über Barbara Fenner eine Kommunikation mit meiner neunjährigen Irländerstute Nell. Seit längerer Zeit hatte sich der Allgemeinzustand von Nell von Monat zu Monat drastisch verschlechtert. Man konnte sie kaum noch reiten, sie war hektisch und nervig, litt sogar manchmal unter panischen Angstzuständen. Niemand konnte sich erklären weshalb, war sie doch früher ein so braves und ruhiges Pferd gewesen. Auch im Springsport war sie früher immer durch ihr grosses Herz und ihren Mut aufgefallen, heute stoppt sie schon bei kleinen Sprüngen. Völlig verzweifelt bekam ich die Telefonnummer von meiner Kollegin, welche mir empfahl, ein Gespräch zu führen. Am Anfang etwas skeptisch, befolgte ich dann aber den Rat meiner Kollegin. Umso erstaunter war ich, als Barbara Fenner anfing mit Nell zu sprechen. So erfuhr ich endlich, was vor zwei Jahren während meiner Ferienabwesenheit mit meinem Pferd geschehen war und auf welch tragische Art meinem Pferd sein ganzes Selbstvertrauen zerstört worden war. Hatte doch mein damaliger Trainer nichts Besseres zu tun, als mein Pferd so lange zu quälen und zu schlagen, bis sie sich den Rücken so schwer bei einem Sturz verletzte, dass sie heute die Vor- und Rückhand nicht mehr als Eins spürt und aus diesem Grund auch die Kraft nicht mehr aufbringen kann, über ein Hindernis zu springen. Auch teilte mir Nell mit, dass sie nie von mir weg möchte und ich ihr helfen soll, das Erlebte so gut wie möglich zu verarbeiten. Heute geht es Nell den Umständen entsprechend gut und ich habe auch das Gefühl, ich und Nell sind uns durch das Gespräch noch näher gekommen.*

Alle diese Geschichte zeigen, was eine Öffnung bringen kann: Es ist in erster Linie mehr Verständnis für die Sicht des Tieres, ein Erkennen dessen, was man schon instinktiv gespürt hat, ein Vertrauen sich selber gegenüber, das anzunehmen, was man fühlt und wahrnimmt, während man mit dem Tier zusammen ist. Und dann die enge Verbindung zwischen Mensch und Tier, ein Wissen um dieses Miteinander, das den täglichen Umgang bereichert.

Vorlieben und Wünsche

Die Tiere haben wie wir Vorlieben und Wünsche. Während eines Vortrages, den ich zum Thema Tierkommunikation hielt, hatten die Zuhörer Gelegenheit, ihren Tieren Fragen zu stellen. Wir hatten den Vortrag so organisiert, dass neben meinen Erklärungen auch Zeit blieb für den Austausch mit den Tieren. Etwa fünfzig Menschen hatten sich im Raum versammelt, er war mehr als voll und fast alle hatten ein Foto ihres Tieres dabei. Als das Eis gebrochen war, streckten mir zahlreiche Hände Fotos entgegen, es war fast unheimlich. Alle Tiere waren anwesend, wenn auch nicht körperlich. In der hintersten Reihe sass ein Ehepaar und streckte mir das Foto ihres kleinen Hundes entgegen mit der Frage, wie für ihn das Fahren im Auto und auf dem Boot sei. Kaum hatte ich das Foto in den Händen kam auch schon die Antwort: *Auto ist blöd, Boot ist toll.* Am gleichen Abend bat man mich, mit einem Huhn Kontakt aufzunehmen. Es ging darum, einen Hahn in die bestehende Hühnergruppe zu integrieren und die Menschen wollten wissen, ob das Huhn einverstanden sei. Es war schon einverstanden, nannte aber gleichzeitig seine Wünsche betreffend das Aussehen des neuen Herrn, bunte Federn sollte er haben, und nicht zu knapp, so dass alle sie sehen könnten. Die Atmosphäre war locker, die Gespräche bewegten sich der Situation entsprechend eher auf einer oberflächlicheren Ebene, es ist gerade im Rahmen eines Vortrages kaum möglich – und dem Tier gegenüber auch nicht fair – Gespräche über schwierige Themen zu führen. Nicht jedes Tier möchte vor so vielen anwesenden und gespannten Menschen seine Gefühle mitteilen. Einige Tiere geniessen es, viel Publikum zu haben, die Gespräche an den Vorträgen sind aber in erster Linie für die Menschen, damit sie einmal erleben, wie eine solche Kommunikation ablaufen kann.

Sehr oft erfahren wir in den Gesprächen auch Dinge, von denen wir bisher nicht gewusst haben, dass sie unser Tier stören oder dass es unsere kleineren Alltagsgewohnheiten überhaupt zur Kenntnis nimmt. Ein Pferd erklärte seiner Reiterin, dass es die Unordnung vor der Boxe und im Schrank nicht gutheisse, es möge Ordnung und Sauberkeit. Die Frau war ziemlich verwirrt, war sie doch der Meinung gewesen, ihr Pferde wisse nicht wie es in ihrem Schrank aussähe, zumal der Wallach den Schrank nie direkt sehen konnte.

Viele Tiere stören sich auch an Bemerkungen, die wir ihnen gegenüber machen. Der Siamkater Prelude äusserte in einem Gespräch: *Du sollst nicht immer sagen, ich bin langsam. Das bin ich nicht. Ich denke gerne über die Menschen nach. Ich habe mir diesen Körper ausgesucht und das ist richtig so für mich, wie es ist.* Seine Menschenfreundin hatte öfters gesagt, Prelude sei für einen Siamkater sehr ruhig, nach dem Gespräch tat sie das nie mehr.

Eine Katze hatte keinen Spass daran, aus einem Kunststoffteller essen zu müssen. Auf die Frage ihrer menschlichen Begleiterin, wie denn das bevorzugte Futtergeschirr aussehen sollte, zeigte mir die Katze die Küche und einen Holzschrank mit Glastüren und Tablaren dahinter, dort auf dem oberen Tablar würde eine Glasschale stehen, die sehr schön sei, mit Kugeln am Rand, von dieser Schale würde sie gerne essen. Es stellte sich heraus, dass diese Schale ein Familien-Erbstück war. Wir einigten uns dann auf einen Kompromiss, die Katze bekam eine Glasschale, nicht die aus dem Schrank zwar, aber eine eigene. Ich erinnere mich auch an ein Gespräch mit einem Pferd, das auf die letzte Frage, was es sich denn noch wünsche antwortete: *Etwas Blaues in der Mähne.* Ich konnte mit dieser Antwort nichts anfangen, die Reiterin aber schon. Sie erklärte mir, dass die Trainerin des Pferdes blaue Strähnen im Haar trage.

Nehmen wir also die Wünsche und Vorlieben unserer Tiere ernst und versuchen wir, sie ihnen so gut es geht zu erfüllen. Auch damit beweisen wir Respekt. Nicht immer sind die Wünsche der Tiere mit unseren Plänen zu vereinbaren, dann gilt es, eine für beide Seiten akzeptable Lösung zu finden. Karin war in einer solchen Situation: *Shiva, unsere Schildpattkatze ist äusserst scheu. Nicht aus schlechter Erfahrung, sondern weil sie auf einem Bauernhof aufwuchs. Hunde, Hühner, Traktoren kannte sie. Der Fressnapf wurde wie durch Geisterhand hingestellt, Streicheleinheiten gab es erst von der Mutter, dann von der Schwester. Als er zu uns kam, verkroch sich der Wollknäuel 36 Stunden unter einem Sekretär. Langsam nur fasste er Vertrauen, siegte die Neugierde über die Angst. Nach einer Woche streifte das „Fegerli" um unsere Beine, nach vierzehn Tagen konnten wir es hochheben, bald darauf erkor es das Tigersofa zum bevorzugten Schlafplatz. Mittlerweile sucht die Kätzin aktiv Körperkontakt, schmust und kuschelt ausgiebig. Allerdings nur mit uns! Fremde bleiben ihr ein Gräuel, da nimmt sie Reissaus. Frauen erscheinen aus der Ferne genehm, manchmal auch interessant. Männer oder Kinder hingegen verleiten zur sofortigen Flucht. Wenig Menschen respektieren die Zurükhaltung, bewegen sich langsam, sprechen gedämpft, starren ihr nicht unentwegt in die Augen. In solchen Momenten traut sich die Mieze heran, peu à peu – jedoch nie näher als fünf Meter. Halten sich Unbekannte in der Wohnung auf, dreht sie (je nach Zeitpunkt des Realisierens) gleich wieder ab oder verzieht sich unters Bett. Was tun, wenn wir nun länger wegfahren? Der Wunsch dazu wurde immer grösser. Gleichzeitig befürchtete ich, Shiva würde nach zwei, drei Nächten ausbleiben: trotz Futter, Hütedienst und dem geliebten Garten. Hilft nur Kommunikation. Ich versuchte den richtigen Moment zu erwischen. Ruhige Sequenz, entspannte Atmosphäre, direkter Draht. Kurze, klare Frage, Gefühle und Befindlichkeit einschliessen. „Was geschieht, wenn wir nach Tunis fliegen?" Die Antwort kam blitzschnell: „Ich will das nicht". Dazu verzog die Kleine das Gesicht, gab Miss-*

fallenslaute von sich. Der Zusatz holte mich aus der Ratlosigkeit. „Wenn es sein muss, macht einfach!". Ich erkundigte mich, wie andere das Problem lösen. Mitnehmen, getrennt verreisen (Mann mit Katze, Frau allein), Verbleib zu Hause. Die Option „Tierheim" verwarf ich zunächst. Bis ich den Artikel über eine neue, persönlich geführte Institution las. Nichts von Käfigen, Fertignahrung, traurigen Gestalten. Individuelle Betreuung, Einfühlungsvermögen, genügend Freigang. Nächsten wagen wir einen Probelauf! Eines hat mir das Gespräch deutlich vor Augen geführt worden. Ein Tier kann/will manchmal eine Frage nicht beantworten. Und: Entscheiden müssen wir.

Mit solchen Situationen werden wir immer wieder konfrontiert. Die Ansichten unserer Tiere helfen uns zwar, die Entscheidung aber bleibt bei uns, denn wir haben auch die Verantwortung für sie übernommen. Ich erkläre dem Tier jeweils, warum ich eine bestimmte Entscheidung getroffen habe. Als Monet in doch schon fortgeschrittenerem Alter Japa ins Tierheim begleiten musste, weil ich nach Amerika zu Penelope Smith reiste, erklärte ich ihm dies, beschrieb den Ort und teilte ihm mit, dass er dort viel Spass haben werde und dass es auch sehr gutes Essen geben werde. Er nahm mich beim Wort und im Tierheim berichteten sie mir später, dass er das ganze Futter (die Hunde werden im Rudel gefüttert) für sich allein haben wollte. Ich musste dann beim nächsten Mal vorsichtiger sein, was ich ihm versprach.

Die Sicht unseres Tieres zu kennen, hilft uns besser mit bestimmten Situationen umzugehen. Eine Hündin hatte Probleme mit ihrem rechten Hinterbein und im Gespräch teilte sie uns mit: *Die Ärzte erniedrigen mich, ich will nicht klein gemacht werden. Mein Leben ist Kraft, Liebe, Vorwärts – das will ich und das brauche ich. Sorg dafür, dass man mich nicht sieht, wenn ich aus dem Auto aussteige, das mag ich nicht. Niemand soll meine Schwäche sehen, nur Du, denn Du liebst mich. Liebe verzeiht alles, ich liebe dich.* Solche schönen und klaren Aussagen machen unser Zusammenleben viel einfacher und das gegenseitige Verständnis und Vertrauen können weiter wachsen. Wir erklärten der Hündin, was der Tierarzt tun wollte um ihr zu helfen, baten sie um ihre Mithilfe und versprachen ihr, nur dann zum Tierarzt zu gehen, wenn es für uns wirklich wichtig sei.

Die Katze Emily lebt in einem Tierheim und teilte uns in einem Gespräch mit, sie wolle von den Menschen mit Achtung und Respekt behandelt werden, und sie möge es nicht, angefasst zu werden, obwohl es ihr nicht gut gehe, sie hatte eitrigen Nasenausfluss. Sie war auch nicht dazu zu bewegen, sich anfassen und behandeln zu lassen. Und so ging es nach dem Gespräch weiter: *Bald war die Nase von dem eingetrockneten Eiterpfropf wieder zu und Emily wurde zwangsweise eingefangen und mehrmals zur Tierärztin zu einer Nasenspülung gebracht – wie das genau vor sich geht, weiss ich nicht, aber besonders angenehm stelle ich es mir nicht vor. Diese Behandlung hatte nicht viel mit dem von ihr gewünschten achtungsvollen Umgang zu tun und das hat man Emily auch sehr gut angemerkt. Damit eine weiter solche Zwangsaktion nicht nötig wird, bekommt sie jetzt jeden Tag mindestens eine Inhalation und ich suche mach homöopathischen Mitteln, um die Eiterung zu bessern.*

Ein Kater war zusammen mit seinem Bruder gestohlen worden. Er konnte sich befreien und kehrte nach zwei Wochen sehr verstört und schmutzig nach Hause zurück. Nach seiner Rückkehr miaute er mitten in der Nacht, was seine Menschen beunruhigte und störte. Seine Erklärung dazu: *Ich will euch erzählen, was ich erlebt habe. Hier ist alles so schön, es duftet so fein, mein Weg ist golden, ich geniesse das Schöne meines Lebens, das alles möchte ich mit euch teilen, ihr seid mein Glück.* Seit dem Gespräch bedankten sich seine Menschen, wenn er ihnen nachts von seinen Erlebnissen erzählte, und sehr bald hatte er dieses Bedürfnis nicht mehr jede Nacht.

Die hochträchtige Hängebauchschweindame Jolly kam am Abend

nicht in den Stall zurück und ich wurde um Hilfe gebeten. Jolly zeigte mir, dass sie sich in einen Graben auf der Rückseite des Hauses zurückgezogen hatte, um ihre Jungen zu gebären. Da es nachts noch kalt war und wir uns Sorgen machten, bat ich Jolly, ihre Jungen im Stall zur Welt zu bringen. Sie war einverstanden, wünschte sich aber einen anderen Platz im Stall, den sie dann auch bekam und wo sie ihre Jungen zur Welt brachte.

Die Katze Mona lebte in einem kleinen Tierheim und die Menschen suchten für sie einen Platz, was Mona aber nicht wollte, sie fühlte sich sicher und wohl und wollte bleiben, deshalb kratzte sie sich so lange hinter den Ohren, bis sie ganz wund war. Beim Gespräch zeigte sie ihren Wunsch nach Sicherheit und Geborgenheit und meinte, sie wolle keine Veränderungen. Wir versicherten der Katze, dass sie da bleiben könne, und sofort hörte sie mit dem Wundkratzen auf.

Vergessen wir also, was uns anerzogen wurde und entdecken wir die Welt der Tiere neu. Jedes Wesen ist ein Individuum mit seinen eigenen Vorstellungen, Aufgaben, Stärken, Vorlieben und Wünschen.

Aja – „Ich bin dir so nah, weil wir ähnlich sind"

Mit einem für Katzen nicht seltenen Problem suchte Christina den Kontakt zu mir. Das Beispiel zeigt, dass sich die Probleme eben nicht immer so leicht lösen lassen, wie wir Menschen und das wünschen. Wir erfahren im Gespräch sehr viel über die Ansichten und Wünsche unseres Tieres, nicht immer aber können wir die Situation so verändern, dass es für alle Familienmitglieder stimmt: *Unsere anderthalbjährige Katze Aja hatte immer wieder mal Perioden von einigen Wochen in denen sie an verschiedene Orte uriniert. Das Problem war bereits vor einem Jahr vorgekommen; verschwand dann wieder für vier Monate, bevor es dann im Frühling wieder aufgetreten und nach einer Todgeburt und anschliessender Kastration wieder verschwunden ist. Anzumerken ist, dass die zweite Katze Tamara, die im Haushalt lebt im Sommer jeweils für einige Monate abwesend ist. Die beiden kastrierten Kater und der Hund leben recht friedlich im Haushalt zusammen und können ein und aus den ganzen Tag. Hier nun das Protokoll:*

Warum beschmutzt Du unser Haus? Was passt Dir nicht?

Das Leben ist für mich nicht übersichtlich; ich weiss nicht, was passiert. Immer wieder werde ich rausgerissen. Ich bin nicht flexibel, wenn ich schlafe.

Sie sucht sich gerne einen Platz wo es ruhig ist; sie fühle sich wie abgetrennt.

Sie will auch wahrgenommen werden und sagt: Meine Stimme ist schön. Sie möchte gesehen und gehört werden. Sie möchte etwas sagen.

Aja, was ist mit Deiner Stimme?

Es ist schwierig... man sagt, ich hätte keine schöne Stimme. Sie will reden aber etwas ist im Hals; kein Schmerz, sondern ein Trockenheitsgefühl und rechts ist es enger als links; es ist beengend und trocken.

Aja, muss ich mit Dir zum Tierarzt?

Nein, ich will nicht gestochen oder hart untersucht werden! Du kannst mich heilen: mit Licht und Farben. Ich will gesehen und wahrgenommen werden. Auch gelobt. Ich möchte eine Aufgabe haben; sag mir was ich tun soll! Ich will nicht um dich kämpfen.

Sie hat das Gefühl nicht zu bestehen, nicht stark genug zu sein und nicht mit zu kommen. Sie sei immer hinter dem Geschehen hinten drein; alle sind schneller als sie. Sie bekommt den Anschluss nicht und hat das Gefühl, die sei anders.

Aja, du bist gut so wie du bist.

Es drückt so am Hals. Gib mir bitte kleine Aufgaben, die ich tun könnte, wenn du am arbeiten bist. Ich möchte Anerkennung. Messe mich nicht an meinen äusserlichen Merkmalen! Ich bin ich selbst.

Sie hat ein Problem mit der Stimme, das sie los werden möchte, das sie blockiert und unterdrückt. Es ist eine schwere Energie im Halsbereich (könnte Fremd sein). Es geht um Schutz den ich ihr geben kann, sagt sie.

Als Aufgabe würde sie gerne aufpassen. Sie möchte meine Helferin sein bei der Arbeit, nachdem ich sie geheilt habe. Sie möchte mir etwas zurückgeben, doch wir müssen Zeit füreinander haben für den Austausch. Sie sagt, ich müsse langsamer werden; sie möchte keine Veränderungen oder ich soll sie vorher informieren: z.B. vor dem Staubsaugen, vor Umstellungen oder bevor Besuch kommt. Ich könne ihr auch eine Aufgabe geben; Aja, ich bitte Dich zu entspannen; in die Pause zu gehen.

Was ist mit meinem Mann?

Er sieht mich nicht, er sieht nur den Hund und Tamara, aber nicht mich. Sie möchte von ihm wahrgenommen werden, er soll sein Auge für ihre Schönheit öffnen: Auch ich bin schön. Tamara ist die Erste, sie ist einfach da, sie ist schön in den Augen der Menschen.

Aja, seit wann hast Du diese Nöte?

Seit es enger wurde da; seit ein paar Monaten.

Letzte Aussage von Aja: Ich bin dir so nahe, weil wir ähnlich sind, ich will mit einbezogen werden; ich möchte dabei sein.

Während der Zeit im Sommer, wenn Tamara weg war, war kein Problem mit Unsauberkeit. Die beiden Katzendamen streiten sich auch ab und zu; wobei man primär das Gefühl hat, dass Tamara den Kürzeren zieht, weil sie sich zurückzieht und meist nur in einem oder zwei Zimmer auf dem Boden liegt. Sieht man es sich dann aber genauer an, bemerkt man, dass Tamara ganz ruhig ihre Stellung verteidigt und Aja völlig eingeschüchtert und ängstlich zum Angriff übergeht. Ich habe ihr schon mehrmals versucht Bachblüten oder Urtinkturen zu verabreichen; aber sie liebt das gar nicht und wird ganz grantig. Sie ist auch sehr schnell eingeschüchtert und wieder weg. Sie hat seit Monaten geschwollene Lymphknoten am Hals, ohne sonstige Symptome; auch der Tierarzt konnte nichts finden. Oft macht sie den Mund auf und zu, wie wenn sie was sagen möchte. Ich habe sie ganz selten was sagen hören; nur manchmal ein ganz feines Stimmchen, sie redet eher mit den Augen.

Frau Fenner hat mir mit den wenigen Angaben zu Beginn des Gesprächs Aja genau beschrieben: mehr schwarz als weiss, schwarzer Schwanz und Ohren, bernsteinfarbene Augen (musste selbst gucken). Aja sass die ganzen 15 Minuten des Gesprächs auf der Garderobe, drehte mir den Rücken zu und schaute aus dem Fenster. Als das Gespräch beendet war, kam sie auf mich zu und wir gingen zusammen ins Behandlungszimmer: ich versuchte ihr Farbbrillen vorzuhalten; aber das fand sie gar nicht lässig. Sie durfte überall herumlaufen; sie schaute aus dem Fenster dem Monteur zu, der im Keller ein- und ausging. Ich erklärte ihr, dass das der Sanitär ist, der den Boiler repariert. Nach ca. 10 Min mit streicheln und reden; ging sie aus dem Zimmer; Behandlung abgeschlossen! In der Nacht will sie unbedingt von meinem Mann gestreichelt werden und hält ihm sogar mit der Tatze die Hand fest.

Am nächsten Tag binde ich ihr einen kleinen Calcedon an ein Halsband. Ich dachte; das würde sie vielleicht genieren; weil sie sonst schon eng hat. Aber siehe da, sie lässt sich das ohne weiteres umbinden und stolziert ganz selbst verständlich mit dem neuen Halsschmuck herum. Ich gebe ihr noch ein Halstuch von mir zum spielen und gebe ihr die Aufgabe sich zu entspannen und aufzupassen. Als ich am Abend heim komme, wartet sie draussen auf mich und kommt mit mir rein. Dann gibt es einen kurzen Krach mit Tamara; aber bald ist es wieder gut. Diese Nacht liegt sie ruhig am Fussende und am Morgen in meinem Arm.

Aja hat nach dem ersten Gespräch einige Tage nicht mehr die Wohnung beschmutzt. Kurz danach sind wir vier Tage in die Ferien und nach unserer Rückkehr haben beide Katzen abwechslungsweise an verschiedenen Orten urinieren, in der Duschkabine, auf Kleidern, unter den Katzenbaum, auf ihr eigenes Futter und sogar je auf mein Bett.

Warum beschmutzt ihr unser Haus? Was passt dir nicht?

Aja: Gebt mir Raum, zum wachsen, mich entfalten. Raum, uns zu treffen und eine stabile, konstante Beziehung. Ich muss mich auf euer Verhalten verlassen; ich kann nichts mit eurer Ungeduld anfangen. Ich habe den Anspruch, wahrgenommen zu werden. Bitte grenzt mich nicht aus.

Sie beschreibt wie wir auf sie wirken: Manchmal seid ihr wie durchsichtig; wie verändert in der Dichte; wie ein Photonegativ. Sie fordert Klarheit und Verbindlichkeit.

Warum hat meine Behandlung nichts genützt? (Farbstein am Halsband usw.)

Aja: Deine Beweggründe waren falsch; nur in der Theorie. Du musst es bedingungslos geben. Zeit und Raum für unsere Verbindung schaffen und dich darauf einlassen.

Du brauchst nichts zu tun; nur Zeit für den Austausch auf einer tieferen Ebene.

Aja, was ist mit Deiner Stimme?

Es ist, wie wenn sie nicht schön wäre. Sie möchte immer noch mit Hilfe der Farben geheilt werden und wir sollen weniger fordern von ihr. Auch wenn es unser Wunsch ist, sollen wir keinen Druck auf sie machen. Sie will uns ganz; offen und da! Wir sollen uns auf das Abenteuer einlassen.

Aja, was ist mit dir und Tamara los?

Mich stört es nur, wenn ich ausgeschlossen werde. Wir (Tamara und ich) sind anders, von dem her was wir mitbringen, als die anderen. Vergleiche uns nicht mit den anderen! Jeder von uns ist eigenständig für sich.

Ich bin auf dem Weg, wie du auch. Lass uns das entdecken! Ich bin da und kräftig.

Aja, warum funktioniert es nicht mit euch beiden?

Ich will sie nicht weg haben! Ich will nur keinen Vergleich! Ich habe andere Aufgaben als die anderen.

Aja, stört es dich, die Medikamente zu nehmen?

Die Medikamente belasten mich nicht, ich bin einverstanden. Mir macht es nur etwas, wenn ich nicht verstehe warum; sonst akzeptiere ich es.

Sei nicht müde! Nimm mich wahr mit meinen Ängsten usw.

Doch vergleiche mich nicht. Wir sind alle Einzelwesen und doch zusammen auf dem Weg. Ich bemühe mich, in der Gemeinschaft zu bestehen und zu beobachten. Doch es gibt Momente, in denen ich es nicht schaffe. Ich bin von euch Menschen abhängig und das ist schwierig.

Aja, ich bitte dich, dich in den Momenten zurückzuziehen und nicht das Bett zu beschmutzen wenn es dir zuviel wird. Sei geduldig mit dir und allen anderen! Auch wenn es schwierig ist die Regeln zu befolgen; du hast andere Möglichkeiten, dich auszudrücken. Hab Vertrauen und danke Aja.

Es hat sich nicht sehr viel geändert: die Markiererei von Aja wird fast noch penetranter. Sie markiert vor unseren Augen den Duschvorhang. Beschmutzt Essgegenstände in der Küche usw. In wie weit Tamara auch beteiligt ist dieses Mal ist nicht ersichtlich. Es nervt sehr und Aja ist heute aus dem Haus geflogen. Am Mittag hab ich mich dann lange mit ihr abgegeben und mit ihr geredet. Von sich aus kommen beide eher selten zu einem; oder nur so lange, wie man voll für sie da ist.

Ich versuche mir die Zeit und den Raum zu nehmen, für beide voll da zu sein. Immer wieder Geduld aufzubringen und versuchen zu verstehen. Die Kreativität fliesst...

Dass es nicht immer so einfach ist, das Zusammenleben von Menschen und Tieren zur Zufriedenheit aller zu gestalten, zeigt die Geschichte von Aja. Dennoch helfen Ajas Ansichten ihren Menschenfreunden, sie besser zu verstehen und über Dinge nachzudenken, für die vielleicht bisher nicht immer soviel Zeit war. Manchmal braucht es auch Zeit, bis sich der Sinn einer Botschaft so entfaltet, dass man ihn versteht und in den Alltag integrieren kann. Und dann ist es auch so, dass sich die Probleme nicht immer allein durch ein Gespräch lösen lassen. Oft braucht es andere Lösungen, so dass alle sich wohl fühlen. Das Problem zu erkennen und es dann auch zu lösen sind zwei verschiedene Dinge. Da gilt es einen Weg zu finden, dass alle zufrieden sind und sich entfalten können.

Das Miteinander vereinfachen

Wir alle wünschen uns ein harmonisches Zusammenleben mit unseren Tieren. Das zu erreichen ist nicht immer so einfach: Während in einigen unserer Beziehungen diese Harmonie von Anfang an da ist, müssen wir uns mit anderen Tieren aktiv um mehr Einklang bemühen. Und vergessen wir nicht, jedes Tier hat eine andere Aufgabe bei uns zu erfüllen. Einige kommen zu uns, um uns mit ihrer Liebe Vertrauen zu schenken, andere sind strenge Lehrer und fordern uns immer wieder heraus, so dass wir unsere eigenen Grenzen kennen lernen. Und nicht alle reisen wir mit leichtem Gepäck durch dieses Leben, manche tragen einen schweren Rucksack.

Zu wissen, was unsere Tiere erlebt haben, bevor sie zu uns gekommen sind, erleichtert uns oft das Zusammenleben mit ihnen. Nicht immer deckt sich das, was uns erzählt wurde mit den Informationen, die uns das Tier gibt. Die Reaktionen des Tieres aber lassen sich dann plötzlich erklären. Ich erinnere mich an das Gespräch mit einem kleinen Hund. Er war angeblich mit fast einem Jahr immer noch beim Züchter, weil dieser ihn hatte selber behalten wollen. Der Hund zeigte uns Bilder von ihm in einer Familie mit Kindern und anderen, grösseren Hunden und teilte mit, er habe eines der Kinder gebissen, da es ihn immer mit sich ziehen wollte. Sein unsicheres und schnell aggressives Verhalten gegenüber Kindern war nun erklärbar, laut Züchter hatte der Hund nie Kontakt mit Kindern gehabt.

Es gibt zahlreiche solcher Beispiele, hier noch eines: Ein Pony war zur Ausbildung bei einer Trainerin, die mich anrief, weil sie Probleme mit ihm hatte. Das Pony zeigte einen dunklen Stall, wo es aufgewachsen sei, weiter zeigte es zwei Frauen, Mutter und Tochter, die sich in seinem jetzigen Zuhause um es kümmern würden. Die Ausbildnerin sagte mir, ich müsse mich irren, das Pony sei dort geboren wo sie es herhabe und die Betreuung erfolge nur durch eine Person. Nun, sie erkundigte sich und rief mich ein paar Tage später wieder an. Die Vergangenheit des Ponys war genau so gewesen, wie es uns gezeigt hatte. Und die Ängste des Ponys vor engen Durchgängen und sich schnell bewegenden Menschen waren nun auch besser zu verstehen. Mit diesen Informationen was es der Ausbildnerin möglich, mit mehr Verständnis auf die Ängste des Pferdes einzugehen und ihm zu helfen, diese abzubauen.

Es geht bei diesen Beispielen nicht darum, andere anzuklagen oder der Unwahrheit zu bezichtigen. Es geht vielmehr darum, das Verhalten unserer Tiere verstehen zu können, das Wissen um die Empfindungen der Tiere spielt dabei eine wesentliche Rolle. Sehr oft erwarten wir von unseren Tieren Dinge, die sie aufgrund ihrer Erfahrungen nicht so ohne weiteres tun können. Bei Pferden ist es oft so, dass sie nicht verstehen, was der Reiter von ihnen will oder dass der Reiter sie stört, vielleicht ohne dies zu bemerken. Meine Stute Bonita begann in der Reitstunde auf rechte Hand gegen die Bande immer zu bocken, weil ich meine rechte Schulter fest machte. Da rechts auch noch ihre schlechtere Seite ist, hatte sich unser Problem kumuliert und es wurde für die junge Dame schwierig, das Gewünschte auszuführen. Sie musste so reagieren, von selbst wäre ich nicht auf die Idee gekommen, sie zu fragen.

Unsere Tiere beobachten auch sehr genau, was in unserem Zuhause passiert. Eine Katze beschrieb nach einem Einbruch den jungen

Mann, der ins Haus gekommen war, sie signalisierte, ihn schon gesehen zu haben und half so ihren Menschen, den Dieb zur Rede zu stellen. Es kamen zwei Personen in Frage, durch die Angaben der Katze erhärtete sich der Verdacht gegen den im Stall arbeitenden Mann und er wurde zur Rede gestellt, gestand und gab einen Grossteil der gestohlenen Wertsachen wieder zurück.

Das Wissen um die Ansichten unserer Tiere vergrössert unsere eigenen Erfahrungen und auch unser Verständnis für die Verhaltensweisen unserer Tiere. Das tägliche Miteinander wird harmonischer und alle sind entspannter. Zu wissen, dass mein Pferd beispielsweise aus Angst vor blauen, fahrenden Autos auf der Strasse scheut, hilft mir, besser damit umzugehen. Wenn ich in solchen Situationen aus Ungeduld und mangelndem Verständnis zu heftig reagiere, fühlt sich das Pferd unverstanden und ich rege mich auf, die Spannung wird immer grösser und die Kommunikation ist blockiert. Aus solchen Teufelskreisen wieder herauszukommen, kann für beide sehr schwierig werden. Mit dem gegenseitigen Respekt wächst auch das gegenseitige Verständnis und die Beziehung zu unseren Tieren wird entspannter.

Sehr oft sind wir Menschen verzweifelt, weil wir unserem Tier vielleicht nicht das bieten können, was wir gerne würden und als wichtig erachten. Nicht selten rufen mich die Menschen aus solchen Situationen an, so auch Linda: *Die erste Begegnung mit Barbara Fenner hatte ich aus Verzweiflung wegen meiner Hündin Momo. Nachdem ich im Geschäft die Zusage bekam, einen Hund mit zur Arbeit nehmen zu dürfen, dauerte es nicht mehr lange, bis die Hündin aus dem Tierheim, in welchem ich regelmässig aushalf, mich aussuchte. Momo ist eine sensible, aufgeweckte, anpassungsfähige und liebe kleine Hündin, die mich täglich zur Arbeit begleitete. Dies ging sehr gut und auch meine Kollegen hatten grosse Freude an ihr. Nach zwei Jahren gab es einen Wechsel in der Personalführung, welche mir als Erstes ein Hundeverbot erteilte. Ich geriet in ein tiefes Loch und wusste nicht mehr weiter. Erst setzte ich alle denkbaren Hebel in Bewegung um diese Ungerechtigkeit abzuwenden, ich hatte jedoch keine Chance. Wie würde es Momo wohl aufnehmen, wenn sie plötzlich den ganzen Tag auf mich warten müsste? Wie würde ich es aushalten, den ganzen Tag ohne meine Maus? Durch Zufall bekam ich bei uns im Stall die Nummer von Barbara. Ich bat sie um Rat, obwohl ich an der Fähigkeit der Tierkommunikation noch zweifelte. Sie setzte sich mit Momo in Verbindung und als erstes lachte sie und sagte: Momo ist eine sehr schnelle. Dann beschrieb sie mir Momo's Äusseres. Die "Zottel" an den Ohren und ihr halblanges, teils gewelltes Fell. Dies beeindruckte mich und ich fragte mich, ob sie uns vielleicht einmal im Stall gesehen haben könnte. Dann sagte Barbara, Momo sei glücklich in ihrem Zuhause und dankbar für ihr schönes Plätzchen. Die Zeit im Büro sei für sie nicht nur immer einfach gewesen, da immer wieder Leute sie besuchten und zum Teil aus dem Schlaf rissen... Sie werde die Zeit, die sie zu Hause sei, auf mich warten und ich werde die Wohnung so vorfinden, wie ich sie verlassen hatte. Ich solle mir keine Sorgen machen. Ich war verunsichert, hatte mir nun Barbara das gesagt, was ich hören wollte, oder hatte sie mir wirklich Momo's Gedanken übermittelt? So oder so, ich hatte mich beruhigt und sah die Sache plötzlich aus einem anderen Blickwinkel. In der Zwischenzeit sind fast zwei Jahre vergangen und es ist so, wie Momo es mir gesagt hatte: sie wartet mittags und abends hinter dem Fenster neben der Haustür auf mich und begrüsst mich sehr überschwenglich. Selbst der Knochen, den ich ihr manchmal gebe, bevor ich das Haus verlasse, liegt jeweils noch an der selben Stelle an der sie ihn fallen liess, als ich zur Wohnungstür rausging. Die Tagesmutter, welche ich ihr organisiert hatte, interessierte Momo nicht gross. Sie begrüsste sie jeweils kurz und ging dann wieder auf's Fenstersims bis ich nach Hause kam. Inzwischen bin ich so überzeugt von der Tierkommunikation, dass ich selbst den Basiskurs bei Barbara absolviert habe und auch noch weiter machen möchte.*

Pintor – „Schätze dich glücklich von mir zu lernen“

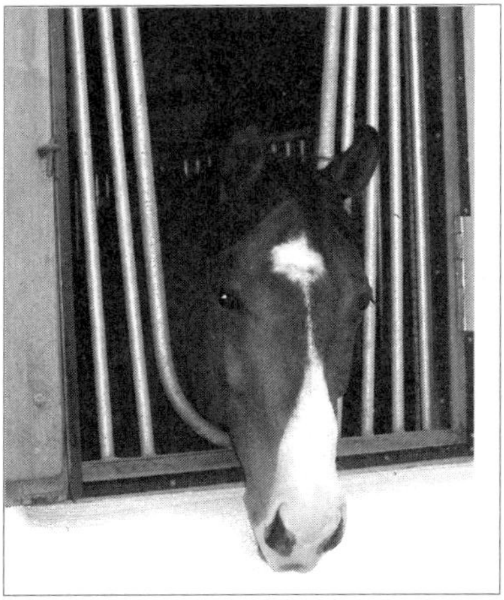

Es gibt viele Gründe, eine Tierkommunikatorin anzurufen. Oft ist es Neugierde, Unglauben und gleichzeitig auch eine gewisse Abenteuerlust, die viele zum Telefon greifen lässt, meistens nachdem sie von irgendwoher gehört haben, dass es Menschen gibt, die mit Tieren reden. Der uralte Wunsch nach dieser Art der Verständigung drückt durch. Patrizia ging es ähnlich: *Vielleicht sollte ich vorausschicken, dass ich eigentlich esoterischen Dingen zwar mit Neugier aber auch mit grosser Skepsis gegenüberstehe. Als Journalistin habe ich schon mit Hellsehern zu tun gehabt und deren Arbeitsweise recht gut – und oft enttäuschend kennen gelernt. So war ich auch eher distanziert, als ich von Tierkommunikation gehört habe. Das war, als die Züchterin meines Pferdes Pintor von einem internationalen Turnier zurückkam. Dort hatte sie mit einer Schweizer Turnierreiterin gesprochen, die ihr erzählt hatte, dass ihr Pferd über lange Zeit an einer unbestimmbaren Lahmheit gelitten hat. Erst im Gespräch mit Frau Fenner konnten die Ursachen dafür gefunden und damit behoben werden. Meine Züchterin hat daraufhin mit Barbara Fenner Kontakt aufgenommen und zuerst mit ihren Turnierpferden gesprochen. Das Ergebnis war zwar verblüffend, aber beide Pferde sind auf grossen Turnieren gestartet, man konnte sie also kennen und über sie einiges wissen. Mein Pferd lebt im privaten Turnierstall unserer Züchterin, es ist eine kleine, sehr abgeschlossene Oase. Es war auch noch nie auswärts auf Turnieren. Also habe ich beschlossen, Kontakt aufzunehmen und mit meinen Tieren zu sprechen. Anfangs, das muss ich zugeben, um zu sehen, wie viel da wirklich dran ist.*

Schon beim ersten Gespräch hat Patrizia Protokoll geführt und mir dieses nun zur Verfügung gestellt.

Wie geht es Dir Pintor?

Mir geht es gut, ich nehme mir, was ich brauche.

Geht es Dir auch körperlich gut?

Frau Fenner fühlt sich durch seinen Körper, in der Folge lokalisiert sie Verspannungen im Bereich der Halswirbel und Lendenwirbel, eine schmerzende Stelle zwischen den Schultern, von einem alten Sattel. Pintor sagt ihr auch, dass er sich rechts schwerer biegt, was richtig ist. (Ich beschliesse, am nächsten Tag eine Physiotherapeutin das Ganze untersuchen zu lassen. Ihre Diagnose deckt sich mit Frau Fenner) Pintor meint weiter, da sei eine Enge in seiner Brust, er hätte das Gefühl, sein Herz sei klein. Was er damit meint, hat keine Untersuchung geklärt, er ist topfit.

Pintor, warum bist Du so schwer zu reiten?

Du bist in Deinen Gedanken nicht bei mir (das ist leider wirklich oft der Fall) Ich bin im Hier und Jetzt und Du bist immer schon weiter. Wir sind nicht in der gleichen Spur. Du denkt immer, wie es sein kann, nicht, wie es ist. Du musst mich zum Fliessen bringen.

Das versuche ich, aber Du macht es mir nicht leicht.

Du lernst bei mir, ja oder nein zu sagen, nicht immer nur vielleicht!

Was wünschst Du Dir von mir?

Geduld, Vertrauen und Liebe.

Ich kann nicht sagen, dass er sich von dort an leichter reiten liess, er ist ein schwieriges Pferd mit einem sehr ausgeprägten Selbstbewusstsein, aber ich verstehe ihn besser und unsere Beziehung hat sich vertieft.

Am Tag eines weiteren Gesprächs habe ich ihn nicht geritten. Das Gespräch fand kurz nach seiner Stunde mit meinem Trainer statt. Er war augenscheinlich schlechter Laune. (Am nächsten Tag habe ich erfahren, dass er zum ersten Mal an der Doppellonge gearbeitet wurde. Es hatte ihm nicht gefallen.)

Pintor, geht es Dir gut?

Ja, Ja.

Erinnerst Du Dich an die gestrige Stunde? (an diesem Tag wollte er überhaupt nichts tun, hat auf keine Hilfen reagiert. Er bockt nie, wenn ich auf ihm sitze, er fühlt sich einfach an, wie eine zähe Masse. Wenn man ihn nicht ständig vorwärts treibt, dann bleibt er einfach stehen. Mein Trainer hatte ihn dann mit der Longengerte angetippt – was eine ganz erstaunliche Reaktion zur Folge hatte: Er ging fleissig vorwärts und liess sich schön über den Rücken reiten)

Es war sehr bemühend.

Warum magst Du denn nicht vorwärts gehen? Du machst es uns so schwer damit.

Wo soll ich denn hin, es geht ja ohnehin nur im Kreis herum!

Pintor ist der festen Überzeugung, die Menschen seien ausschliesslich für ihn da. Frau Fenner versucht, ihm zu erklären, dass wir alle arbeiten müssen, und das dies eben seine Aufgabe sei. Er gibt darauf keine Antwort. Barbara Fenner meint, es würde in seinem Kopf arbeiten und er sei kurz davor

„richtig sauer" zu werden. Wir bedanken uns und beenden das Gespräch.

Es kommt immer wieder vor, dass die Tiere mit unseren Fragen nicht viel anzufangen wissen. Manchmal interessiert es sie einfach nicht, was wir zu sagen oder zu fragen haben, vor allem, wenn wir immer wieder mit den gleichen Themen bei ihnen anklopfen. Es ist dann an uns, die Fragen so zu wählen, dass sich das Tier auch dafür interessieren kann oder einfach mal zu fragen, was es uns denn jetzt lieber mitteilen würde oder ob es etwas gibt, worüber es mit uns sprechen möchte. Vielleicht steht ein ganz anderes Problem für das Tier im Vordergrund.

Schmerzen und Ängste

Immer wieder kommt auch das Thema Angst auf. Wir Menschen haben Angst, nicht geliebt zu werden, nicht zu genügen, zuwenig schön oder schlank zu sein, oder wir fürchten uns davor, was unsere Tiere uns mitteilen werden. Wenn wir uns dennoch überwinden, mehr erfahren zu wollen, eröffnet sich eine neue, weite Welt des Verstehens. Auch die Tiere haben Ängste, nehmen wir diese ernst und helfen wir ihnen, sie zu überwinden.

Silvia und Michèle riefen mich an, weil ihre Pferde nach einem unschönen Vorfall nicht mehr in den Transporter einstiegen wollten: *Unsere Trainerin riet uns, doch einmal mit unseren Pferden zu sprechen. Sie mache das oft mit ihrer Stute und es sei sehr interessant. Wir waren zu Beginn äusserst skeptisch, wir hatten noch nie gehört, dass man mit seinen Tieren sprechen kann. Silvia entschloss sich, es zu versuchen, da wir mit ihrer Stute Orphea nicht mehr weiter wussten. Wir waren ja so aufgeregt. Wir machten einen Termin mit Barbara Fenner ab und warteten gespannt auf die Antworten. Schon nach den ersten Minuten sass ich mit offenem Mund da, es funktioniert tatsächlich. Orphea erzählte uns sehr viel und es war so spannend: Sie beklagte sich, dass wir ihr niemals sagen würden, wohin wir mit dem Hänger fahren, sie erzählte, dass sie sich einmal im Wasser verletzt hatte und darum nicht gerne rein geht, und sie machte deutlich, dass sie von uns Menschen Sicherheit und Stärke brauche. Nach diesem Gespräch wollte auch ich mit meiner Stute Fany sprechen. Durch das Gespräch wurde mir vieles bewusst, ich sah die Dinge plötzlich anders, ich redete viel mehr mit meinem Pferd, erklärte ihr was ich mache und wieso. Seither haben wir ein viel innigeres Verhältnis. Fany sagte mir auch, ich solle mehr Vertrauen zu mir selbst haben, ich könne selber mit ihr kommunizieren und sie sei für mich da. Mir wurde bewusst, dass unsere Pferde unsere Gefühle und Gedanken kennen, und ich änderte meine Einstellung allen Tieren gegenüber. Zwischen mir und Fany hat sich vieles geändert, sie ist nun nicht mehr nur mein Pferd, sie ist meine Freundin.*

Oft sind auch Schmerzen der Auslöser für ein Verhalten unseres Tieres, das wir Menschen nicht verstehen. Wichtig ist: Die Diagnose und Behandlung von Krankheiten ist Sache des Tierarztes oder Therapeuten. Wenn das Tier seine Schmerzen deutlich zeigt, ist das lediglich eine Hilfe, um dem Problem näher zu kommen. Die Entscheidung, was gemacht wird, liegt beim Menschen, er übernimmt die Verantwortung für sein Tier. Suchen Sie sich Tierärzte, Therapeuten, Hufpfleger oder Hufschmiede, mit denen Sie sich gut verstehen und die Ihnen und Ihrem Tier Verständnis entgegen bringen. Das Miteinander von allen Beteiligten ist ein wesentlicher Teil, wenn es darum geht, mit seinem Tier eine Krankheit durchzustehen und ihm ein angenehmes Umfeld zu schaffen.

Besonders schön ist es, wenn ein gesundheitliches Problem durch ein Gespräch verbessert oder erkannt werden kann: Ein Pferd verweigerte das Springen weil es starke Schmerzen im Maul hatte. Der Wallach beschrieb die Stelle und den Schmerz, worauf der Tierarzt beigezogen wurde, der an der beschriebenen Stelle im Maul eine stark entzündete Wunde fand. Ohne die Informationen des Pferdes hätten die Menschen wohl länger suchen müssen, so hat das Gespräch dem Pferd zusätzliche Schmerzen erspart.

Die Tiere haben auch eine Vorstellung davon, ob sie Hilfe brauchen oder nicht. Ein Fuchswallach zeigte mir kurz vor Ende des Gesprächs ungefragt, dass sein vorderes rechtes Bein schmerzt, am nächsten Tag dann ging er lahm und seine Reiterin fragte ihn zuhause in seiner Boxe, wo es ihm denn weh tue. Darauf hob er das bereits beim Gespräch erwähnte rechte Vorderbein, er musste es dreimal hintereinander heben, bis seine Reiterin sicher war, richtig verstanden zu haben. Am nächsten Tag rief sie mich nochmals an, das Pferd erklärte, er habe das Bein an einer Stange angeschlagen und es sei nicht schlimm. Drei Tage später war das Bein wieder in Ordnung.

Wenn mir eines meiner Tiere signalisiert, seine Beschwerden seien nicht schlimm und würden innerhalb von wenigen Tagen vorbei sein, überlege ich es mir zweimal, bevor ich den Tierarzt rufe, übernehme aber dann auch die volle Verantwortung und bin mir bewusst, dass sich meine Tiere auch irren können. Wir alle können uns irren, das zeigt auch das folgende Beispiel: Ein Pferd war im Tierspital, weil er nicht mehr gefressen hatte. Er beschrieb einen Schmerz im Rachen, der ihm das Schlucken schwer machte. Die Tierärzte hatten eine Kolik vermutet, bisher aber nichts gefunden. Die Menschen reagierten sehr gut, sie schlugen vor, den Hals zu untersuchen und sagten nichts von unserem Gespräch. Das Problem wurde gefunden und konnte behandelt werden.

Manchmal können wir die Erklärungen eines Tieres nicht einordnen. Bei einem Gespräch mit einer noch jungen Hündin erzählte uns diese, dass ihre Nieren nicht in Ordnung seien. Die Hündin wurde daraufhin untersucht, der Tierarzt fand aber nichts. Als die Hündin einige Monate später wieder körperliche Probleme hatte, erinnerte sich ihre Besitzerin an das Gespräch und liess abermals die Nieren untersuchen. Man fand einen bösartigen Nierentumor. Die Tiere haben oft eine Ahnung, wo in ihrem Körper ein Ungleichgewicht am Entstehen ist. Das muss nicht heissen, dass dies medizinisch schon feststellbar ist. Es gibt uns aber die Möglichkeit, uns bei einem späteren Problem daran zu erinnern.

Safe Leolita Te – „Es gefällt mir, wenn du mit mir sprichst“

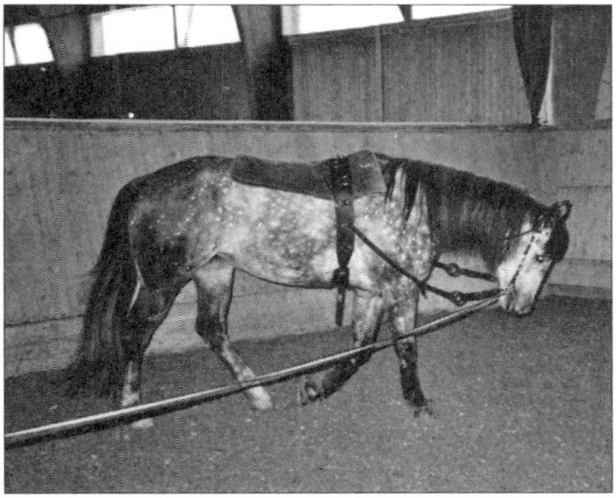

Die junge Quarter Horse Stute Leolita wusste nicht, was die Menschen von ihr wollten, sie kam mit ihrem Trainer nicht richtig klar und sie hatte Angst vor einem weiteren Stallwechsel. Sie gab sich grosse Mühe, hatte jedoch das Gefühl, dass sie es nicht richtig mache. Aus Unsicherheit und Traurigkeit hatte sie sich zurückgezogen und zeigte keine Anteilnahme am täglichen Geschehen, dazu kam, dass sie sich immer schlechter bewegte:

Ich war verzweifelt, denn mein Traum vom tollen Westernpferd war zerplatzt, die Diagnose der Tierärzte war niederschmetternd, man riet mir, das Pferd mit Schmerzmitteln zu versorgen und auf die Weide zu stellen, eine Behandlung sei kaum Erfolg versprechend. Ich fühlte mich mit der medizinischen Diagnose (Strahlbeinlahmheit an beiden Beinen, rechts massiv, links noch weniger weit fortgeschritten) allein gelassen In der Glückspost las ich zum ersten Mal über Tierkommunikation, las die empfohlenen Bücher und vereinbarte mit Frau Gerber einen Termin, und da Frau Gerber so viele Anfragen hatte, schickte sie mir eine Liste mit anderen Tierkommunikatorinnen. Ich pendelte auf dieser Liste Barbara Fenner aus, rief sie an und bekam schnell einen Termin, das war im Sommer 2002. Das Gespräch begann und Frau Fenner konnte meine Leolita recht gut beschreiben, ihr Aussehen, die Mähne, die Farbe der Beine und weitere Details, was mich schon sehr erstaunte, sie kannte ja nur gerade meinen Namen und den des Pferdes. Dann stellte ich meine Fragen:

Leolita, wie geht es dir?

Danke, recht gut.

Hast du Schmerzen?

Nein.

Hast du an den Hufen Schmerzen?

Nein.

Was tut dir weh?

Ich habe Schmerzen in meinen Muskeln, ich kann meine Vorderbeine nicht mit meinen Hinterbeinen koordinieren, die Verbindung ist schwach, das verunsichert mich sehr.

Willst du weiterhin trainieren?

Ja, wenn du dabei bist und mir Zeit lässt, damit ich lernen kann, denn ich möchte lernen, die Arbeit gefällt mir.

Gefällt es dir bei uns?

Ja, ich habe es gut, ich gehe gerne mit dir in den Wald, es ist dort sehr schön und die Bäume haben eine gute Schwingung. Wenn du mit mir sprichst, gefällt mir das sehr.

Nach den wenigen Fragen war ich sehr aufgewühlt und die Tränen begannen zu fliessen, denn Leolitas Antworten auf meine Fragen waren sehr genau, ich war erschlagen, alles stimmte mit dem überein, was ich selber erlebt und beobachtet hatte.

Dank diesen Gesprächen konnte ich meinem Pferd die Geduld und Zeit geben, die es brauchte und meine Einstellung zu Leolita änderte sich, wir waren uns näher gekommen. Die Gespräche haben mir und auch meiner Bereiterin Mut gemacht, den Weg mit Leolita zu gehen und an sie zu glauben. Heute ist Leolita zwar kein typisches Westernpferd, sie hat dank unserer Liebe, Geduld und unserem Respekt sehr viel gelernt, und sie ist mit Spass bei der Arbeit dabei. Ich kann es kaum glauben, dass mir die Tierärzte geraten hatten, Leolita einzuschläfern, sie ist kooperativ und lieb, und wir verbringen sehr viele schöne Momente gemeinsam. Ich habe mehr Verständnis für die Tiere, rede mit ihnen und unser gemeinsames Leben verläuft ganz ohne Stress.

Ich erinnere mich gut an das erste Gespräch mit Leolita, denn sie war trotz ihrer Ängste um ihre Zukunft sehr offen. Während des Gesprächs konnte sie diesen Gefühlen Ausdruck verleihen und das Verhältnis zwischen ihrem Menschen und ihr veränderte sich dadurch sehr positiv, viele Missverständnisse konnten geklärt werden.

Piccola – „Hab Vertrauen, wir finden den Weg"

Franziska rief mich an, nachdem sich mit ihrer Scheckstute Piccola beim Fahren mit der Kutsche einen Unfall ereignet hatte. Eine Herde Kühe, die auf der Weide herumrannten, hatten Piccola so erschreckt, dass sie sich gegen den Zaun drehte und dabei den Strom- und den Stacheldraht der Weidebegrenzung durchbrach. Das Gefälle der Weide war ziemlich gross, die Kutsche wurde hin- und hergeschlagen, als Piccola in Panik davonstürmte. Nachdem die Kutsche gekippt war, blieb Piccola zitternd stehen, sie stand unter Schock und war nicht mehr ansprechbar. Auch ihre Menschenfreundin hatte sich verletzt, Piccola selber hatte diverse Wunden vom Stacheldraht und eine Verletzung am Bein. Sie war sehr verwirrt, frass lediglich Gras und hatte Angst, den Stall zu verlassen. Das Gespräch fand zwei Tage nach dem Unfall statt, Franziska hat es aufgezeichnet:

Wie geht es dir heute, Piccola?

Ich bin unsicher, verwirrt, im Stall fühle ich mich sicher, habe Angst wegzugehen, auch mit dem Anhänger.

Was ist passiert am Sonntag?

Plötzlich habe ich den Boden unter den Beinen verloren, ich weiss nicht was geschehen ist. Piccola zeigt Schmerzen in der rechten Schulter und im Rücken im Bereich des 5. und 6. Rückenwirbels. Heute geht es mir besser.

Gestern hast du keine Silage gegessen. Magst du heute wieder essen?

Ja, heute mag ich wieder essen, ich spüre aber Schmerzen im vorderen Bereich meines Mauls, die Silage ist streng zum Kauen.

Was wünschst du dir, dass es dir besser geht? Was ist für dich jetzt wichtig?

Ich möchte mehr lernen über meinen Körper und den Boden wieder finden. Ich will mit dir hinausgehen, ich muss hinausgehen, bitte hilf mir, Schritt für Schritt. Es war ein unheimliches Gefühl, als ich meinen Körper nicht mehr kontrollieren konnte, das macht mir Angst.

Wovor hast du nach dem Unfall Angst?

Mich selber zu verlieren in meinem Körper. Das hat nichts mir dir oder unserer Verbindung zu tun, ich habe das Vertrauen in meinen Körper verloren. Gib mir Zeit und schenk mir dein Vertrauen.

Weshalb ist der Unfall geschehen? Weshalb hast du dich so plötzlich zu den Kühen gedreht?

Ich habe vergessen, dass der Wagen da ist. Ich war müde und konnte mich nicht mehr konzentrieren. Ich habe mich sehr angestrengt, habe alles gegeben. Ich wollte nur sehen, ich bin es gewohnt, alles zu sehen.

Das Fahren mit dir hat mir in den letzten Monaten so viel Spass gemacht. Wie ist die Vorstellung für dich, wieder eine Kutsche zu ziehen?

Der Wagen war nicht das Problem, ich habe den Boden verloren.

Piccola, hast du Lust, mit mir am Mittwoch in den Bodenarbeitskurs zu kommen? Dazu müssten wir aber ein kurzes Stück mit dem Hänger fahren. Wäre das ein Problem für dich?

Es würde mir helfen, mit dir an den Kurs zu gehen. Ich tue diese Arbeit sehr gern. Du musst einfach auf mich hören, ich kann nicht viel Neues aufnehmen im Moment.

Es tut mir Leid, Piccola, dass der Unfall geschehen ist, niemand hat Schuld. Ich habe dich sehr lieb und hoffe, dass alles wieder so wird wie vorher und dass wir das Vertrauen zueinander wieder finden werden.

Hab Vertrauen, wir finden den Weg.

Nach dem Gespräch ging ich zu meinem Pferd in den Stall. Als ich vor ihrer Boxe stand und sie rief, kam sie sofort in den Auslauf und begrüsste mich. Sie zeigte mir ganz klar, dass sie nun für einen Spaziergang bereit war. Am Tag zuvor war es unmöglich gewesen, sie auch nur fünfzig Meter vom Stall weg zu führen, sie fing an zu schnaufen, tänzelte herum und drängte nervös und zitternd in den Stall zurück. Nun aber hatte Piccola etwas Silage gefressen und wir begaben uns auf einen etwa vierzigminütigen Spaziergang. Ich war sehr verwundert, denn Piccola zeigte keine Angst mehr, war zwar noch ein wenig unsicher, aber voll motiviert, mit mir unseren Weg in Angriff zu nehmen. Am nächsten Tag fuhren wir mit dem Hänger in die nahe gelegene Reithalle, um den wöchentlichen Bodenarbeitskurs zu besuchen. Obwohl ersichtlich war, dass Piccola an diversen Körperstellen noch Schmerzen hatte, zeigte sie Freude und schien etwas von dem Schock abgelenkt zu sein. Mit der Zeit heilten die Wunden und eine Woche nach dem Unfall wagten wir einen kurzen und gemütlichen Ausritt. Piccola hatte zum Glück keine Angst vor Stromzäunen, Kühen oder sonstigen Dingen und Menschen, denen wir begegneten. Auch spürte ich, dass sie ihr Vertrauen zu mir nicht verloren hatte. Im Gegenteil: Piccola war sehr anhänglich und wich keinen Schritt von meiner Seite. Ich glaube, das Schlimmste ist überstanden.

Dank dem Gespräch haben Piccola und ich uns besser und schneller verstanden und einfacher den Weg zur Besserung gefunden. Indem meine Fra-

gen geklärt werden konnten, können wir beide das Trauma schneller und besser verarbeiten. Es war bereits das zweite Mal, dass ich über Frau Fenner mit meinem Pferd sprach, und auch damals brachte die Kommunikation erstaunliche Einsichten. Früher war ich sehr skeptisch und glaubte nicht an „solche" Dinge. Durch die Erfahrungen mit der Tierkommunikation habe ich mich aber vom Gegenteil überzeugen lassen.

Gespräche mit Wildtieren

Mit frei lebenden Tieren Kontakt aufzunehmen, gehört nicht zu den alltäglichen Aufgaben einer Tierkommunikatorin. Wenn es aber dazu kommt, ist die Begegnung lehrreich und wunderschön.

Ich erinnere mich an einen Austausch mit einer Gruppe von Mauerseglern. Mein menschlicher Gesprächspartner setzte sich zusammen mit einer Gruppe von Vogelschützern dafür ein, dass die Mauersegler Nistplätze zur Verfügung haben, solange sie hier bei uns sind. Es ging darum, dass ein altes Gebäude, wo die Segler ihre Nistplätze hatten, saniert wurde und diese Plätze bald nicht mehr zur Verfügung stehen würden. Wenn ich zu einer Gruppe wildlebender Tiere Kontakt aufnehme, formuliere ich meinen Wunsch und warte ab, wer sich meldet. In diesem Falle war es ein älterer Mauersegler, und er stand stellvertretend für die ganze Gruppe. Es ging darum, wie die Menschen die neuen Plätze bzw. die Ersatznistplätze während des Umbaus des bevorzugten Gebäudes gestalten sollten. Der Mauersegler gab uns dazu bereitwillig Auskunft. Er strahlte Leichtigkeit und grosse Sicherheit aus, sein Wissen über sein Leben als Zugvogel und wie er und seine ganze Gruppe zusammen lebten und wanderten, dieses Zusammengehörigkeitsgefühl berührte mich sehr.

Mit einigen Tieren verbinden viele Menschen negative Erlebnisse, so zum Beispiel mit Ameisen, die sich ihren Weg durch unser Haus bahnen. Im Basiskurs gibt es eine sehr schöne Meditation, wo wir in ein Tier hineinschlüpfen, um seine Sichtweise zu erfahren. In dieser Übung melden sich immer wieder Tiere, die sonst nicht so einfach eine Chance haben, gehört zu werden. Eine Kursteilnehmerin, deren Verhältnis zu Ameisen sehr zwiespältig war, erlebte in ebendieser Übung wie es ist, eine Ameise zu sein. Sie erfuhr mehr über das Körpergefühl, bekam aber auch Einblick in die Sichtweise dieser Tiere, die ihrem bisherigen Empfinden nach nur störend waren. Da war dann ein Verstehen, und auch Respekt für die grosse Energie und Zielstrebigkeit der Ameisen. Seien es nun Ameisen, Fliegen, Schnecken oder Mäuse, bevor wir ihr Tun verurteilen und als unnütz bezeichnen, sollten wir uns etwas Zeit nehmen und uns in sie hineinfühlen. Unsere Einstellung ihnen gegenüber ist massgebend dafür, ob sie bereit sind, mit uns überhaupt in Kontakt zu treten. Stellen wir uns über sie, können wir lange warten, wir werden sie nicht hören, sie haben weder Zeit noch Lust sich mit uns zu beschäftigen.

Die Begegnung mit Delphinen hatte eine Tierfreundin sehr bewegt, sie hatte die Meerestiere in den Ferien am Roten Meer kennen gelernt. Sie rief mich an, um den Kontakt herzustellen und sich bei den Delphinen zu bedanken. Eine Delphinmutter übermittelte uns die folgende Botschaft: *Wir tragen unser Wissen, unsere Klarheit, Freude und Liebe zu den Menschen, wir helfen euch, euch selber wieder besser zu spüren, zu hören. Keiner geht wie er gekommen ist, denn ihr habt die Liebe und das Glück in euch gespürt. Das was ich euch gebe, bekomme ich auch zurück, als mein Kind gestorben ist, habt ihr mit mir geweint, dafür bin ich euch sehr dankbar.* Dieses Geben und Nehmen zwischen Menschen und Tieren ist etwas Wunderbares. Wenn wir den Tieren zuhören und ihre Empfindungen in unsere Betrachtungen und Gedanken einbeziehen, dann ist uns die eine oder andere Überraschung gewiss.

Manche Tiere haben es weniger einfach, ein in Gefangenschaft lebender Elefant erzählte, was ihn am Meisten stört: *Die Enge, das Alleinsein und der Lärm der Menschen. Sie machen sich ein Bild von mir, bestaunen meine Hülle, fürchten sich vielleicht, was angesichts meiner Lage völlig lächerlich ist. Keiner geht tiefer, niemand interessiert sich dafür, wie ich mich dabei fühle. Ich bin euch ausgeliefert, gehöre nirgends dazu. Bringt mir Respekt entgegen dafür, dass ich dieses Leben schon so lange ertrage. Es ist farblos und langweilig.*

Bei einem Spaziergang im Zoo traf ich einen schönen Vogel, er freute sich über den Kontakt: *Willkommen, ich bin Virgo. Ich bin ein Bote, ein Bote der Freude und des Friedens. Ich singe gern und ich schaffe eine Verbindung zwischen den Wesen, ohne ein grosses Aufhebens darum zu machen. Ich bin bescheiden.* Bei dieser Gelegenheit fragte ich Virgo nach seiner Ansicht über uns Menschen: *Ihr seid laut und plump, wenig elegant ist euer Benehmen. Wo ihr geht, zittert die Erde. Seid behutsam!*

Wings – „Ich schenke dir meine Liebe“

Wer einmal die ehrliche und tiefe Freundschaft und das Vertrauen eines Tieres geschenkt bekommen hat, vergisst dies nie. Was die Erfahrung auch zeigt ist, dass wir mit jedem Kontakt unserem Tier noch ein Stück näher kommen, mehr Vertrauen gewinnen vor allem in uns selber. Dieses Vertrauen macht uns offener, das spiegelt sich in unseren Fragen, die stets tiefer und genauer werden. Flora beschreibt das sehr schön: *Als ich von Barbara Fenner hörte, hatten Wings und ich schon viele Jahre gemeinsam verbracht. Er war acht Jahre alt, als ich ihn kennen lernte, zehn, als er mir geschenkt wurde und neunzehn, als ich zum ersten Mal über Barbara Fenner mit ihm sprach. Ob es funktionieren würde, ob so was denn möglich sei, das stand für mich nie zur Debatte. Für mich war klar, dass Pferde, Tiere, sprechen können und viel mehr verstehen, als der Durchschnittsmensch glaubt. Ich hatte es an Wings ja oft genug erlebt. Wie er zum Beispiel keinen falschen Schritt machte, wenn ein kleines Kind auf ihm sass, aber vor lauter Unsinn losbockte, so bald ich im Sattel war. Manchmal sah ich ihn grinsen, ich schwör's! Wie viel er sah, verstand und wie viel er zu sagen hatte, das überwältigte mich dennoch. Ich hatte also einen Termin, und einige Fragen vorbereitet. Die Erste lautete, ob er denn bei mir glücklich sei. Ich war sehr nervös, das Herz klopfte mir wirklich bis zum Hals. Denn ich liebte Wings über alles, und ich hatte Angst, dass er sagen könnte, er sei bei mir nicht glücklich, nicht zufrieden. Was hätte ich dann wohl getan? Überhaupt, fragte ich mich, wie das alles wohl ablaufen würde. Schon vor dem Gespräch war ich den Tränen ziemlich nahe. Ich wählte, es*

klingelte, Frau Fenner nahm ab. Noch jetzt beim Schreiben spüre ich mein Herz klopfen. Sie nahm Kontakt mit Wings auf, und als wir sicher waren, den Richtigen zu haben, stellte ich meine erste Frage: War er glücklich bei mir? Ich musste lachen, teils vor Rührung und teils aus Erleichterung, als Wings in seiner typischen Art zurück fragte, was denn diese Frage solle, wir seien doch schon so lange zusammen, die Frage würde er nun gar nicht verstehen. Er war gerne bei mir! Ich war so erleichtert, dass ich schon in diesem Moment fast geweint hätte. In den restlichen Fragen des ersten Gesprächs ging es hauptsächlich darum, wie es ihm körperlich und seelisch ging. Fehlte ihm was, hätte er gerne etwas anders, wie ist das Futter, der Sattel, der Stall? Lauter banale Sachen eigentlich, aber ich will es ja immer genau wissen. Schon da war ich erstaunt, wie genau er seinen Körper kannte, wie präzise er seine Aussagen machen konnte, und vor allem: wie viel er über mich und meine Gedanken wusste. Ich jedenfalls war nach diesem Gespräch völlig aufgewühlt. Meine Überzeugung, dass Wings verstand und sah, dass er alles mitbekam und dass er sehr intelligent war, hatte sich bestätigt. Wie soll ich das am besten beschreiben? Es ist, als wüsste man im Herzen etwas ganz genau, und der Moment, in dem es in die Realität geholt wird und einem vor Augen geführt wird, ist ein ganz besonderer. Was man im Herzen weiss, das glaubt man ja nicht immer. Wie wunderbar ist es dann, wenn es bestätigt wird! Ich war jedenfalls den Tränen – des Glücks, wohlverstanden – nicht nur nah, sie flossen auch. Ich wollte am liebsten sofort zu Wings fahren und hätte am liebsten gleich bei ihm übernachtet...

Telefonate mit Wings wurden regelmässig, und mit jedem Gespräch wurde das Gesagte intensiver, genauer, dem Herzen näher. Frau Fenner hat eine wunderbare Art des Kommunizierens – ich konnte Wings' Charakter in ihrem Tonfall, in Ihrer Wortwahl wieder erkennen. Und ich zweifle bis heute nicht eine Minute, denn sie wusste Dinge, die sie nicht wissen konnte. Über mich wie auch über Wings, seine Gedanken, seinen Körper und seine Geschichte. Beispielsweise beschrieb sie mir eine Verletzung, die er vor Jahren am Bein gehabt hatte, im Detail. Oder Wings wies über sie auf einen Vitaminmangel hin, und bei der daraufhin gemachten Blutprobe hat sich das auch bestätigt. Frau Fenner ersetzt nicht den Tierarzt und auch nicht eine tiergerechte Haltung, aber ich kann eines aus eigener Erfahrung sagen – in Zusammenarbeit mit Hufschmied, Kinesiologin, Tierarzt und Frau Fenner haben wir vieles erreichen können. Und ich habe mit Wings und allen, die ihn kannten, so viel gelernt. Es wurden mir Zusammenhänge zwischen Bewegung und Beschlag klar. Wie viel zum Beispiel auch nur zwei Millimeter an Beschnitt der Hufe für die Belastung der Sehnen ausmachen. Und noch wichtiger – wie viel so eine augenscheinliche Kleinigkeit für das Empfinden des Pferdes ausmachen. Ich begann, mir Gedanken über Bewegungsablauf und Physik der Bewegung zu machen. Das ist an sich nichts weltbewegendes, diese Gedanken machen sich andere auch. Aber ich erfuhr, was für einen gewaltigen Unterschied es macht, wenn man die Eindrücke des Pferdes auch hat. Das macht aus der Theorie eine Praxis, die viel eindrücklicher wird – es rückt alles aus der Distanz der klinischen Meinung in die Nähe, wo Fakten und Empfindungen zu einer viel aussagekräftigeren Einheit werden.

In weiteren Gesprächen erzählte mir Wings von seinen Träumen, wie er dachte und empfand. Wings war schon immer ein Freund gewesen, und ich hoffe, ich kann die Entwicklung nun treffend beschreiben. Mein Respekt meinem Gefährten gegenüber wuchs noch mehr. Hatte ich bis anhin unsere Beziehung schon als Freundschaft gesehen, so war doch in mir immer noch irgendwo die gängige Meinung verankert, dass ich Besitzerin und er mein Pferd war. Mit jedem Gespräch jedoch bekam ich mehr den Eindruck, dass nicht nur ich Wings, sondern er sich genauso mich ausgesucht hatte. Und zwar als seine Schülerin, nicht als seine Besitzerin. Das hört sich verrückt an? Keineswegs. Ich habe gelernt, dass Pferde Wesen sind, die uns einiges voraushaben. Sie sind Gefühl pur, sie sind viel reiner als Menschen, und wer zuhören möchte, der kann unendlich viel von Ihnen lernen... Wings war und ist ein sehr weit entwickeltes Wesen, das mir viel zu sagen hatte...Er war Freund, Lehrer, Helfer, Begleiter.

Wings, die zauberhafte Seele, verliess diese Welt im April 2002, zwei Tage nach seinem zweiundzwanzigsten Geburtstag. Er sagte immer, er wolle bei mir sterben, und wir waren bis zuletzt zusammen. Es war einer der schwersten Tage meines Lebens, als ich seinem Körper zusah, wie er seinen letzten Atemzug tat. Ich bin ihm so dankbar, dass er mein Leben ohnegleichen bereichert hat und es immer noch tut. Ich vermisse ihn sehr, vermisse, es, sein Begrüssungswiehern zu hören, seinen Duft zu riechen und seine Nase zu streicheln. Und doch weiss ich, er wird immer bei mir sein. Er ist in meinem Herzen, und er wird immer der sein, der mir die Welt der Pferde, Ihre Gefühle und nicht zuletzt das grosse Geschenk seiner Freundschaft eröffnet hat. Ich schätze mich glücklich, einen wie ihn zu kennen!"

Wenn Tiere verschwinden

Wenn unsere Tiere nicht zur gewohnten Zeit nach Hause kommen, sind wir Menschen schnell in heller Aufregung. Das ist verständlich, für die Suche aber sehr hinderlich, denn wir sind kaum aufnahmefähig und gefangen in unseren eigenen Ängsten. In diesem Zustand rufen mich viele Tierhalter an. Und ich muss gestehen, dass ich an solchen Telefonaten nicht nur Freude habe, vor allem wenn die Menschen in ihrer Not vergessen, dass es bereits nachts um zwölf oder erst fünf Uhr am Morgen ist. Ich habe sehr viel Verständnis für die schwierige Situation, in der sich der Mensch und vielleicht auch sein Tier befinden. Dennoch sind die Rahmenbedingungen äusserst ungünstig, der Kontakt schwierig und die Menschen oft überfordert, denn nicht immer sind die Botschaften der Tiere so, wie sie es sich gewünscht hätten. Ich erinnere mich an ein Gespräch mit einem Kater, der von zu Hause fort gegangen war und neue Menschen getroffen hatte. Er war der Meinung, dort gebraucht zu werden. Die Dame, die mich wegen des verschwundenen Katers angerufen hatte, war entsetzt und beschimpfte mich aufs Heftigste. Was mir eigentlich einfiele, wollte sie wissen, und ob ich denn das Gefühl hätte, bei ihr werde der Kater nicht gebraucht. Ich konnte ihre Enttäuschung nachfühlen, trotzdem schien sie zu vergessen, dass die Botschaften nicht von mir, sondern vom Kater selbst gekommen waren. Schon mehr als einmal war ich nahe daran, nicht einmal mehr den Versuch zu unternehmen, mit einem verschwundenen Tier Kontakt aufzunehmen. Schwierig ist es auch, wenn sich die Menschen völlig festfahren auf Ortsbeschreibungen, die oft einfach zu wenig genau sind. Beschreibt die Katze einen dunklen, feuchten Raum, in dem es muffig riecht und grosse Gegenstände aus Holz herumstehen, liegt die Interpretation nahe, dass es sich um einen Keller handelt. Es kann aber auch eine alternativ genutzte Garage oder ein Gartenhäuschen sein. Solche Bilder und andere Eindrücke zu übersetzen, ist in Notsituationen doppelt schwierig, denn wir Menschen fixieren uns dann gern mit aller Kraft auf einen Ort, den wir vielleicht kennen und auf den die Beschreibung so mehr oder weniger passt. Es gilt hier umso mehr, die „richtigen" Fragen zu stellen, um mehr zu erfahren. Ich erinnere mich an eine verschwundene Katze, die in einer ähnlichen Situation war. Sie war eingeklemmt und sah den Raum unter sich, übermittelt hat sie mir neben den Bildern auch Gerüche nach Seife, Puder, etwas parfümiert und für ihre Nase unangenehm. Der Geruch gab den Ausschlag und machte die Suche einfacher, kurze Zeit später fand man die Katze oberhalb der Garderobe der nahe gelegenen Turnhalle, eingeklemmt zwischen dem Fenster und dem davor liegenden Gitter. Da es weniger Sporthallen und Garderoben gibt als Keller und Garagen war die Suche hier verhältnismässig einfach, zumal die Katze mitgeteilt hatte, nicht weit weg von zu Hause zu sein.

Die Katze Ronja lebte in einem Tierheim und verliess das Gelände, als dort ein kleiner Umbau begann. Im Gespräch äusserte sie ihre Verunsicherung und sagte, sie möchte nicht gestört werden. Wir erklärten Ronja, dass der Umbau bis am kommenden Wochenende vorbei sei. Sie nahm dies zur Kenntnis, bedankte sich und beendete das Gespräch. Und als der letzte Laster vom Hof war, kam Ronja zurück.

Vermisst werden meistens Katzen, und ihr Verschwinden hat immer einen Grund. Vielleicht haben sie durch einen Unfall den Körper verloren, sind irgendwo eingesperrt, verletzt oder haben in einer neuen Umgebung die Orientierung verloren. Katzen sind sehr spirituelle Wesen und es kommt vor, dass sie zu einer neuen Aufgabe aufbrechen.

Dann gilt es, dem Tier Glück zu wünschen, seine Entscheidung zu akzeptieren, ihm seine Freiheit zu schenken – und den Mut zu haben zu fragen, warum es weggegangen ist.

Meistens wird gefragt: „Wo bist du?". Das macht dann Sinn, wenn das Tier verschwunden ist, weil es sich beispielsweise erschreckt hat oder eine Spur verfolgt und sich dabei verlaufen hat. Die Dackelhündin Ora machte sich beim Spazieren im winterlichen Engadin selbständig. Nachdem die Hündin schon eine Nacht in der Kälte verbracht hatte, rief mich ihr Halter an. Er hatte bei der Suche meine Nummer erhalten und war bereit, alles zu versuchen. Ora beschrieb ziemlich genau ihren Weg und den Ort, wo sie jetzt war. Unter ihr waren Geräusche, zischend wie Strom oder eine weiter entfernte Langlauflo-ipe, ein ähnliches Geräusch hörte sie links von ihrem Standort. Sie zeigt mir ein Bild, wie sie zwischen Holzbrettern sass und signalisierte, dass sie nicht wisse, wie sie den Weg zurück finden könnte. Aufgrund ihrer genauen Angaben, konnten die Menschen sie finden, kurz vor dem Eindunkeln. Die Begeisterung war natürlich sehr gross, auch bei mir, das muss ich gestehen.

Ich erinnere mich an Strizli, eine hübsche weisse Katze mit getiegertem Schwanz und kleinen Tigerflecken am Kopf. Ihre Menschen riefen mich an und Strizli zeigte uns zuerst verschiedene Bilder von Gärten und Häusern. Nach einigen Wochen sah ich sie in einer Wohnung, wo sie mit einer älteren Frau zusammen war. Wir hatten keine Ahnung wo, sie signalisierte, dass die Menschen dort sie brauchen würden und dass sie nach Hause zurückkehren würde. Strizli zeigt mir stets ihre Energie und signalisierte, dass es ihr gut gehe. Gross war meine Freude, als ich nach fast fünf Monaten folgende Nachricht erhielt: *Nach einem Anruf aus Schwamendingen konnten wir Strizli am letzten Sonntag wieder in unsere Arme schliessen. Wir freuen uns so sehr. Endlich ist die Familie wieder komplett. Was geschehen ist, werden wir wohl nie erfahren. Auf jeden Fall ging es ihr bei einer älteren Dame sehr gut. Sie ist wohlauf, gesund und rund. Was sie in den ersten paar Wochen alles erleben musste, bleibt ihr Geheimnis. Dass ich immer an Strizlis Rückkehr geglaubt habe, ihren Lebenswillen spüren konnte - das verdanke ich auch Ihnen. Sie haben mir Mut gemacht daran zu glauben.*

Die Katze Sira war erst gerade umgezogen, zusammen mit ihrer gleichaltrigen Gefährtin. In der neuen Wohnung und bei einer neuen Menschenfreundin war alles fremd und als ihre Kollegin Simba von der Terrasse stürzte, sich das Bein brach und beim Tierarzt bleiben musste, wurde die Situation noch schwieriger. Einige Tage später verliess Sira ihr neues Zuhause, ebenfalls über die Terrasse. Sira übermittelte bei der ersten Kontaktaufnahme verschiedene Bilder, zeigte auch, dass sie nicht eingesperrt war und signalisierte kein Hungergefühl. Trotz intensiver Suche und Information der Nachbarschaft fehlte von Sira jede Spur. Wir versuchten noch zweimal mit ihr Kontakt aufzunehmen, sie signalisierte, dass sie alles hätte, was sie brauchen würde und gab uns keine weiteren Informationen. Die spärlichen Angaben machten die Suche schwierig, ich zweifelte auch zwischendurch, ob Sira wirklich noch in ihrem Körper war, aber klarere Angaben bekamen wir nicht, und wir mussten das so annehmen. Nach etwa vier Wochen stand Sira vor der Türe, sie war guter Dinge und bei bester Gesundheit. Offenbar hatte sie die Zeit gebraucht, um sich von ihrem „alten“ Leben zu verabschieden und das neue zu beginnen.

Es gibt aber mindestens ebenso viele Beispiele von Tieren, die nie mehr zurückgekehrt sind. Manchmal haben diese Tiere ihren Körper verlassen oder wollen nicht mehr zurückkehren. Manchmal kann ich auch keinen Kontakt herstellen oder erhalte Bilder, die schwer zu beschreiben oder einfach zu wenig genau sind. Manchmal vermischen sich die Bilder zeitlich, die Katze zeigt Bilder von einem Keller oder sonst einem Ort und ist zu dieser Zeit bereits von einem Auto überfahren worden.

Einmal bekam ich einen Anruf von einer Frau, die ihren Hund beim Spazieren in einem Hochwasser führenden Fluss verloren hatte. Der Hund war sofort nach unten gezogen worden und ertrunken, einige Wochen später tauchte sein toter Körper wieder auf. Zum Zeitpunkt des Anrufs versuchte ich mit dem Hund Kontakt aufzunehmen und liess mich unter Druck setzen, die Informationen stammten sicher nicht vom Hund, eher von der verzweifelten Frau, deren Hoffnung war, dass der Hund weiter flussabwärts wieder lebend zum Vorschein kam. Ich bin heute soweit, dass ich den Kontakt suche, aber nie insistiere, und wenn ein Tier nicht sofort zum Austausch bereit ist, dann lasse ich es dabei bewenden, wünsche ihm Glück auf seinem Weg und bedanke mich. Es ist dann offenbar nicht unsere Aufgabe, mehr zu wissen.

Es ist auch nicht immer klar, ob das Tier überhaupt noch in seinem Körper ist. Gerade Katzen sind sehr beweglich, auch zwischen den Welten. Es kann passieren, dass das Tier signalisiert, es hätte seinen Körper verlassen und kurz darauf wohlbehalten reinspaziert kommt. Oder für uns noch schlimmer ist es, wenn das Tier signalisiert, dass ihm der Heimweg versperrt ist, dass es keine Möglichkeit hat, sich aus der Situation zu befreien, dass es Hunger hat und eingeklemmt ist. Wie gehen wir mit so einer Situation um? Wir müssen es lernen, keine Frage, nur ist das nicht immer ganz so einfach.

Eine der speziellsten Geschichten ist sicher die von Minouche, einer eigenwilligen, fünfzehnjährigen Perserdame, die ein ganzes Quartier beschäftigt hat. Die hübsche Perserkatze hatte Zeit ihres Lebens als Hauskatze gelebt und nutzte eines Tages eine offene Türe, um eine Entdeckungsreise in ihrer Umgebung zu beginnen, einem dicht besiedelten Quartier in der Stadt Zürich. Minouches Menschenfreundin war der Verzweiflung nahe, unternahm alles in ihrer Macht stehende, um die Katze wieder in ihre Arme schliessen zu können. Farbige Flyer wurden verteilt, verschickt und in der Zeitung abgedruckt, mehrere Inserate, ja sogar redaktionelle Beiträge erschienen in der Tageszeitung, Minouche aber liess sich nicht beirren. Die schon ziemlich betagte Katzendame zeigte sich zwar immer wieder an verschiedenen Orten, führte die Menschen mit sicherem Instinkt monatelang an der Nase herum. Sie genoss ihre Freiheit und war nicht bereit, diese wieder herzugeben. Es war ihr egal, dass ihr Fell zerzaust war und dass sie nicht mehr umsorgt wurde, sie genoss ihr Leben und dachte nicht daran, nach Hause zurückzukehren, geschweige denn sich einfangen zu lassen. Es war ihr egal, was die Menschen taten oder dachten, sie genoss ihr Leben, was aus ihrer Sicht auch absolut in Ordnung war. Und sie lehrte ihre Menschenfreundin, sie ihren eigenen Weg gehen zu lassen. Über ein Jahr später liess sich Minouche dann noch einmal blicken, und zwar im Garten ihres ehemaligen Zuhauses. Sie hatte sich verändert, so wie sie es sich gewünscht hatte, sie lebte ihre Freiheit und ihr Wildsein. Erst da erkannte ihre Menschenfreundin, dass Minouche ihren Weg auf ihre Weise gegangen war und gar nicht mher in ihr altes Leben gepasst hätte. Ein Tier seinen Weg gehen zu lassen, gehört zum Liebevollsten was wir ihm geben können.

Unser Verhalten ist immer von grosser Bedeutung, und oft gebe ich den Menschen den Rat, erst einmal tief durchzuatmen und dann hinauszugehen und die Stelle zu suchen, die das Tier beschrieben hat. Wie wichtig es ist, in solchen Situationen ruhig zu bleiben, beschreibt Anita: *Als ich gestern zuhause anrief, sagte mir mein Mann, dass mit unserer Katze Jenny etwas nicht stimme. Sie sass nicht in der Höhe auf ihrem Platz, sondern am Boden und wollte nicht angefasst werden. Er hat ihr die Türe geöffnet, damit sie nicht durch das Katzentörli muss, wenn sie sonst schon Mühe mit dem Laufen hatte. Als er mit dem Fressen zurückkam, war Jenny weg. Er hatte das Gefühl, dass etwas mit ihrer Hüfte oder den Hinterbeinen passiert sei. Nach meiner Rückkehr streiften wir noch eine Stunde mit der Taschenlampe umher, riefen und suchten. Alle ihre Lieblingsplätze waren leer. Ich erinnerte mich daran, wie wir es im Kurs gelernt hatte und versuchte, mit Jenny Kontakt aufzunehmen. Ich konnte mich nicht konzentrieren, es gelang mir einfach nicht. In der Nacht wachte ich immer wieder auf, nahm die Lampe und ging nach draussen, erfolglos. Dann versuchte ich noch einmal ganz fest, mich auf Jenny zu konzentrieren. Ich sah sie zusammengerollt und sie drehte den Kopf zu mir, ich erhielt aber keine Botschaft von ihr. Am Morgen habe ich ein ziemlich volles Programm, weil ich vor der Arbeit etwa eine Stunde mit den Hunden unterwegs bin. Ich ging extra etwas früher, damit mir dann bei Tageslicht etwas Zeit blieb, um nach Jenny zu suchen. Ich ging zu unserem Apfelbaum, um die letzten Äpfel zu holen und konzentrierte mich auf Jenny. Ich teilte ihr mit, dass ich akzeptieren würde, wenn sie einfach nicht nach Hause kommen wolle oder nicht wolle, dass ich sie finde. Falls sie aber Hilfe von mir wünsche, müsse sie mich jetzt zu ihr führen. Daraufhin kletterte ich über den Zaun ins Nachbargrundstück. Als ich Jenny unter den Sträuchern sah, lag sie genauso da, wie sie es mir in der Nacht gezeigt hatte, sie war zusammengerollt und blickte nach hinten zu mir. Sie liess sich von mir hochnehmen, zeigte mir aber, dass sie Schmerzen hatte. Sie hat die linke Schulter mehrmals gebrochen und sie hat jetzt nach der Behandlung Hausarrest. Sie wird es mir bei dem feinen Essen aber wohl verzeihen.*

Behalten Sie also die Ruhe, wenn ihr Tier nicht nach Hause kommt, informieren Sie die Nachbarn, hängen Sie Flyer auf oder lassen Sie eine Vermisstmeldung im Radio laufen. Am besten zünden Sie eine Kerze an und bitten die Schutzengel Ihres Tieres um Unterstützung. Denken Sie an Ihr Tier und übermitteln Sie ihm, dass seine Rückkehr Sie sehr glücklich machen würde, geben Sie Ihrem Tier aber die Möglichkeit, selber zu entscheiden, wo sein Weg hinführt. Damit beweisen Sie Respekt und zeigen ihm Ihre Liebe und Ihr Vertrauen.

Gespräche mit verstorbenen Tieren

Da es sich bei der telepathischen Kommunikation um ein Gespräch von Seele zu Seele handelt, ist es möglich, mit einem bereits verstorbenen Tier Kontakt aufzunehmen. Sie haben sich vielleicht schon gewundert, wie ich mit der Katze, die bei mir lebte, als ich noch ein Kind war, in Kontakt kam. Die Verbindung ging über den Namen, den sie damals hatte, weil ich sie unter diesem Namen kannte. Kontakt aber nahm ich zu ihrer Seele, der Essenz ihres Wesens auf, und diese ist unabhängig davon, ob die Seele bereits wieder inkarniert hat oder nicht.

Immer wieder werde ich gebeten, mit verstorbenen Tieren zu sprechen. Ich tue das mit Vorbehalt: Wenn es noch etwas Wichtiges zu klären gibt zwischen dem Menschen und seinem verstorbenen Gefährten, dann bin ich gerne bereit, den Kontakt herzustellen, immer vorausgesetzt, die Seele des verstorbenen Tieres ist dazu bereit. Ich erinnere mich an einen Hund, der im Alter von etwa drei Jahren tot umgefallen ist. Seine Menschenfreundin war mit dieser Situation überfordert und suchte den Kontakt. Der Hund teilte ihr mit, dass es vorherbestimmt gewesen sei, dass er diesen Körper verlassen müsse und dass sie keine medizinische Ursache für seinen Tod finden würde. Er bat sie, seinen Abschied von der Erde so zu akzeptieren.

Wir Menschen setzen uns in solchen Situation meistens selber unter Druck. Gerne glauben wir, etwas falsch gemacht oder ein Anzeichen übersehen zu haben. Wir können und wollen oft nicht akzeptieren, dass wir gar nicht so wichtig sind und keinen Einfluss auf den Lebensplan unserer Freunde haben. Auch hier geht es darum, loszulassen und dem Fluss des Lebens zu vertrauen, auch wenn wir nicht immer damit einverstanden sind, ein geliebtes Wesen gehen zu lassen. Erweisen wir ihm den Respekt und lassen es ihn Liebe seine Reise fortsetzen.

Manchmal kommen unsere Tierfreunde in einem neuen Körper zu uns zurück. Ich erinnere mich an ein Gespräch mit dem grossen weissen Pyrenäenberghund Dilou. Seine Menschen riefen mich an, weil er nicht nach Hause zurückkam. Im Gespräch zeigte er seine Not, er war verletzt und auf dem Weg zurück. Seine Verletzung brachte er in Zusammenhang mit einem lauten Knall, womit wir zunächst nichts anfangen konnten. Dilou war angeschossen worden und schaffte es bis zur Grenze des Grundstücks, wo ihn seine Menschen fanden. Er hatte seinen Körper verlassen müssen. In einem weiteren Gespräch äusserte er sein Bedauern darüber und kündigte an, sich einen neuen Körper zu suchen, um seine Aufgabe bei seinen Menschen fortsetzen zu können. Die Trauer um den Verlust von Dilou war gross, und so verging einige Zeit bis die kleine Tochter der Familie einen Zwergpudel geschenkt bekam. Der Kleine hielt Einzug und bei der Frage, wie denn das Hündchen heissen solle, staunte das Mädchen ihre Eltern an und sagte, das sei doch Dilou. Und in der Tat, der kleine Hund bevorzugte die gleichen Plätze und verhielt sich auch sonst so, wie er es bereits in seinem vorherigen Körper getan hatte. Das Beispiel zeigt noch etwas ganz deutlich: Kinder sind uns Erwachsenen überlegen, wenn es darum geht, geliebte Wesen zu erkennen. Wir orientieren uns vor allem am äusseren Bild und bleiben dort haften, aber erst hinter der Fassade finden wir das ganze Wesen.

Mit Vertrauen und Geduld beweisen wir unseren Tierfreunden Respekt und Achtung, und wir werden reich dafür belohnt. Nicole beschreibt eine solch wunderbare Erfahrung: *Als mein Blick an jenem kühlen Septembernachmittag aus dem Fenster auf die Weide der Pferde fiel, sah ich wie sich Zar, mein 27-jähriges Pinto-Pferd, am Boden wälzte. Zuerst dachte ich mir nichts dabei, doch als er nach einigen Minuten immer noch nicht aufgestanden war, eilte ich sehr besorgt hinaus. Zar war schweissüberströmt und ich bekam sofort panische Angst und wusste, das ist eine sehr schlimme Kolik. Stunden später, nachdem der Tierarzt vergeblich alles versucht hatte und wir Zar ins Tierspital transportiert hatten, wartete ich mit ihm darauf, dass er operiert wurde. Er hatte zum Glück etwas gegen die Schmerzen bekommen, und ich ging mit ihm im Hof weinend auf und ab, sprach mit ihm, und wusste irgendwie schon, dass mir vielleicht nur noch kurze Zeit blieb, um mich bei ihm für alles zu bedanken ... für 19 Jahre voller Liebe, Führung und gemeinsam überwundenen Hindernissen, die nun in meiner Erinnerung vorüber zogen. Kein Wesen hat mich so viel gelehrt wie Zar, und er hat es schon immer verstanden, mir seine Botschaften zu übermitteln, lange bevor ich davon hörte, dass die Tiere mit uns sprechen können. Als ich vor vielen Jahren einmal sehr in Sorge war um ihn, da es ihm gesundheitlich nicht gut ging, hatte ich einen Traum, der wie ein Symbol ist für Zars Leben, und den ich nie vergessen habe: Er lag in seiner Boxe, und rund um ihn herum sass ich mit vielen anderen Menschen. Wir bildeten einen Kreis, hielten uns an den Händen, und eine wundervolle Atmosphäre der Liebe und des Verständnisses war um uns herum. Als dann die Tierärzte nach mehreren Stunden aus dem Operationssaal kamen und mir sagten, wie schlecht es um Zar steht, wusste ich, dass ich ihn nicht aus egoistischen Gründen festhalten darf – er war so stolz und freiheitsliebend – und so liess ich ihn schweren Herzens dorthin gehen, wo er wieder frei und leicht über unendliche Wiesen galoppieren kann. Ich durfte bei ihm sein, als er eingeschläfert wurde, und ihn streicheln, und ganz deutlich hörte ich sein „Danke". Zars Tod war für ihn und mich sehr überraschend und eine schwere Prüfung, und mein Schmerz war sehr gross, obwohl ich wusste, dass er frei und glücklich war, obwohl er mir kurze Botschaften schickte, dass es ihm gut gehe, er aber sehr beschäftigt sei. Und obwohl wir das vorher so verabredet hatten, wagte ich nicht zu hoffen, dass er zu mir zurückkommt, und traute mich auch nicht, ihn danach zu fragen – auch wenn ich oft mit ihm sprach und spürte, dass er bei mir war, mich und die junge Stute Kassiopeia beobachtete und sich an unseren Fortschritten freute, denn nun war ich gezwungen, mit ihr endlich anzufangen zu reiten… Im Februar des darauf folgenden Jahres erlebte ich zum ersten Mal, dass ein Tier von sich aus mit mir im Wachzustand Kontakt aufnahm, und natürlich war es Zar. Früh morgens beim Aufwachen sah ich ihn, ich wusste sofort, dass er es ist, obwohl seine Gestalt ganz anders aussah: Vor mir stand ein hellgrauer, schlanker, langbeiniger, wolfsähnlicher Hund. Zar sagte mir, dass er zu mir zurückkommen werde, aber nicht in Gestalt eines Pferdes, sondern eines Hundes, da er so noch näher bei mir sein könne, mich überallhin begleiten, und auch meinen anderen beiden Hunden helfen könne, so wie er als Pferd Kassiopeia geholfen hatte. Er stellte mir aber auch Bedingungen! Und zwar sollte ich mich noch mehr in Geduld üben in Bezug auf meine Hunde, nicht so schnell gereizt und wütend werden wenn sie wieder einen Unsinn anstellten, auch sollte ich mit ihnen üben und endlich mal in die Hundeschule gehen, um dann auf einen Welpen besser vorbereitet zu sein. Ich sollte mich spirituell weiterentwickeln, und auch auf meine Gesundheit Acht geben und darauf, dass wir finanziell noch unabhängiger werden. Meine Freude war unbeschreiblich, auch wenn ich wochenlang dachte ich spinne und mich nicht einmal traute, meinem Mann, dem ich sonst wirklich alles sage, davon zu erzählen. Auch machte ich mich im Internet auf die Suche nach dem Hund, den ich gesehen hatte. Als ich ihn fand, wusste ich, dass das ganze keine Einbildung ist: Die Rasse heisst Silken Windhound, und ich fand als erstes eine Website von einer Züchterin in Deutschland mit dem Zwingernamen «Spirit of the Tsar»! So ermutigt, aber doch immer noch im Zweifel, bat ich Barbara Fenner deswegen um ein Gespräch mit Zar. Ich bat sie, dass sie ihn fragen solle ob er zu mir zurückkommen möchte – und sie bekam genau dasselbe, zum Teil sogar wortwörtlich, und beschrieb mir den gleichen Hund! Der Aufbaukurs 1 Tierkommunikation kam genau zur rechten Zeit, um noch mehr Informationen über Zars Rückkehr zu bekommen. In einer Schamanischen Reise wählte ich die Frage aus, wie ich ihn erkennen würde, und mir begegnete eine Wöfin mit ihren Welpen, die mir sagte, es werde im Osten sein, und es werden sieben Junge sein, und eines davon würde anders sein als die anderen. Und kurz darauf kam die Nachricht der Züchterin, dass ihre Hündin Coco gedeckt worden sei und die Welpen Ende August in Slowenien erwartet würden. Dann würde die Himmelsrichtung ja schon mal stimmen, dachte ich, gleichzeitig suchte ich aber im Internet und hörte mich auch sonst überall um, ob irgendwo Welpen erwartet würden, da ich mich nicht so auf eine Rasse versteifen wollte, doch wurde sonst gar nichts an mich herangetragen. Selten war ich so aufgeregt wie an diesem 25. August, als ich ein E-Mail bekam, dass die Welpen in Slowenien geboren seien. Sie seien alle wohlauf, und es wären fünf Rüden und zwei Hündinnen! Von nun an zählte ich die Tage, bis wir drei Wochen später hinfahren konnten, um die Kleinen und ihre Mutter zu sehen und auch die Züchterin kennenzulernen. Als wir in das Welpen-Zimmer kamen, war dort eine wunderschöne Stimmung, irgendwie richtig andächtig, fast heilig... Es war nicht so, dass ich jetzt gleich hätte sagen können, DAS ist Zar, aber ich spürte, dass seine Seele über den Welpen schwebte. Ich nahm sie einen nach dem anderen auf den Arm und war einfach hingerissesn wie süss sie sind! Sie waren ja erst drei Wochen alt... Ich verbrachte viele Stunden bei den Babies, durfte auch alleine da sitzen bleiben, und war dann zuerst etwas ängstlich und verwirrt, dass es nicht so eindeutig ist, welcher nun „meiner" ist. Einmal kam dieser zu mir, und dann wieder ein anderer... Helena hatte uns sofort angeboten, dass wir bei ihr schlafen können, und in der Nacht bin ich aufgewacht, konnte vor Aufregung lange nicht mehr einschlafen, und habe Zar nochmals gefragt, und er hat mir gesagt, dass er sich gar noch nicht festzulegen braucht. Ich sah, wie er zusammen mit anderen Seelen über den Hundebabies schwebt, so als ob jede dieser Seelen noch den für sie am besten geeigneten Körper aussuchen muss. Die Welpen waren ja auch noch so klein, sie hatten ihren Körper noch gar nicht unter Kontrolle und torkelten und hopsten ganz unkoordiniert (und natürlich extrem süss!) durch die Gegend, und hatten noch gar keinen individuellen Charakter. Das hat mich dann sehr beruhigt, denn was Zar mir gesagt hat, hat bis jetzt immer gestimmt. Es war so als ob er sagen will: Such du dir einen aus, ich schaue dann schon dass ich in diesem Körper bin. Dazu kam noch, dass zwei befreundete Züchterinnen sich zuerst je einen Rüden aussuchen würden, wenn die Welpen sechs Wochen alt sind, und so konnte Zar sich ja gar noch nicht festlegen. Am nächsten Tag hatte ich dann nochmal viel Zeit, bei den Kleinen zu sein, und habe auch immer wieder gefragt, wer Zar ist, und ganz am Schluss, bevor wir gehen mussten, kuschelten sich alle aneinander und schliefen tief und fest, bis auf einen, und zwar derjenige, der mir schon auf den Fotos am besten gefallen hatte – er hatte eine schiefe Blesse, ähnlich wie Zar – er sass da, mir gegenüber, und sah mich lange einfach nur an. Ich habe es dann so gemacht, dass ich sagte, dieser wäre meine erste Wahl, und dann musste ich noch drei Wochen abwarten. Aber ich hatte kaum Zweifel, dass der Richtige zu uns finden wird! Ich bin sicher, auch dies war eine Übung darin, Vertrauen zu haben. Und dieses Vertrauen wurde nicht enttäuscht: Zuerst sah es zwar so aus, als ob „mein" Welpe allen am besten gefallen würde, doch dann entschieden sich beide Züchterinnen anders, die eine nahm plötzlich eine Hündin, die vorher unbedingt einen Rüden haben wollte, und die andere einen der hellbraunen Rüden. Und dann war endlich, endlich, am 23. Oktober 2004, der grosse Augenblick gekommen: Mein Mann und ich fuhren nach Slowenien, um Gandalf zu holen! Noch immer hätten wir einen der verbliebenen fünf Welpen auswählen können, doch es war gar keine Frage wer zu uns wollte: Helena und die Freunde, die bei ihr zu Besuch waren, erzählten dass Gandalf bereits den ganzen Tag unruhig gewesen wäre und Ausschau gehalten hätte, als ob er auf jemanden warte!!! Als wir dann ankamen, war es Abend, und Helena liess gerade alle Welpen in den Garten zum herumtollen, was auch alle machten – nur Gandalf nicht! Es sah mich, stand vor mich hin, bewegte seine kleine Vorderpfote hin und her, fixierte mich, und wollte von da an nicht mehr weg von mir! Ich nahm ihn in die Arme und das Gefühl war einfach unbeschreiblich... Es war wie ein „nach Hause zurückkehren", so viel Liebe, so viel Geborgenheit...*

Aber lange nicht alle Tiere kommen auf die Erde zurück. Einmal fragte ich eine verstorbene Stute, ob sie wieder auf der Erde sei. Sie antwortete: *Ich bin jetzt ein Engel. Ich war auf der Erde um Licht in euer Leben zu bringen. Die Schmerzen waren gross und so bin ich wieder nach oben gegangen. Ich bin nun frei und schwerelos. Ich schicke Licht, all denen, die es zu spüren vermögen. Das ist schön!*

Loslassen ist so schwer, vor allem für uns Menschen, und irgendwann müssen wir dies lernen. Wenn es beim Gespräch mit einem verstorbenen Tier statt um Klärung um wiederholtes Nachfragen geht, bin ich nicht mehr bereit, den Kontakt zu suchen. Ich bin der Meinung, dass jedes Wesen das Recht auf Freiheit hat und sich auch frei entscheiden können soll, wie sein weiterer Weg aussieht. Wir Menschen sollten nicht aus egoistischen Gründen immer wieder nachfragen, nur um unser schlechtes Gewissen zu beruhigen oder die Kontrolle über eine Seele zu behalten. Wahre Liebe bedeutet in einem solchen Fall, die geliebte Seele loszulassen.

Fozzeli – „Die Engel erwarten mich“

Viele Jahre hatten Jacqueline und ihr Kaninchen zusammen verbracht, sie schreibt: *„Fozzeli war schon zehn Jahre alt und diese ganze lange Zeit durften wir ihn auch in unserer Mitte geniessen. Immer noch sah er sehr schön aus mit seinem schwarzen, langen Fell, den weiss umrandeten Augen und dem weisen Bauch. Er war eine richtige Schönheit und ein ganz lieber, aufgeweckter Schatz. Ich war für jeden Tag dankbar, denn ich wusste um sein hohes Alter. Als ich merkte, dass Fozzeli zu kränkeln begann, habe ich mich noch mehr um ihn gesorgt und viel Zeit mit ihm verbracht. Fozzeli und ich hatten ein sehr enges und liebevolles Verhältnis. Ich wusste tief in meinem Inneren, dass er wohl spürte, wie sehr er geliebt wurde und dass mein Mann und ich sehr grosse Freude an ihm hatten. Ich war mir auch fast ganz sicher, dass auch er das Zusammensein mit uns genoss. Und doch – da blieb eine kleine Unsicherheit in mir, ob ich alles richtig interpretiert hatte. Der Zufall wollte es, dass ich in einem Tierladen war und mit dem Ladenbesitzer ins Gespräch kam. Er erzählte mir von seiner Katze, die nicht mehr fressen wollte, von einem Gespräch mit einer Tierkommunkatorin und wie der Katze danach geholfen werden konnte. Es gab eine Möglichkeit, mit meinem Tier zu sprechen, dieser Gedanke liess mich nicht mehr los. Ich war hellhörig für dieses Thema geworden und fand verschiedenen entsprechende Beiträge in Presse und Fernsehen. Ich wollte diese Gelegenheit nutzen und mein Mann bestärkte mich darin. Kurze Zeit später hatte ich einen Termin. Ich war ja so aufgeregt und dankbar, denn Fozzeli ging es körperlich immer schlechter und ich wollte sicher sein, dass er keine Schmerzen hatte. Ich stellte meine Fragen*

zusammen und wartete auf den Termin. Als es dann soweit war, sass ich ganz angespannt auf dem Sofa und lauschte den Worten von Fozzeli: Ja, er wisse um unsere Liebe und er fühle sich bei uns sehr wohl. Wir würden ihm alle seine Wünsche erfüllen und er sei traurig, dass das Leben vergänglich sei. Ich war über diese Erkenntnis sehr traurig, über das Gespräch aber war ich sehr froh. Es fiel mir ein grosser Stein vom Herzen, denn ich wusste nun, dass ich Fozzeli in seinem Verhalten und in seiner Mimik all die Jahre richtig verstanden hatte. Fozzeli und ich verbrachten noch einigen Tage zusammen, dann mussten wir schweren Herzens Abschied nehmen. Ich bin sicher, dass die Engel sich um ihn kümmern, so wie er es selber vorausgesehen hatte.

Wenn Tiere uns verlassen

Eine der schwierigsten Aufgaben für uns Menschen ist das Loslassen eines geliebten Freundes. Wenn wir dann aber aus unserem Herz heraus ja sagen können, ist das sehr tröstlich, Inge beschreibt dies sehr schön: *Die Sonne scheint, Wind bewegt die Oleanderbüsche, drüben am Fluss die Spaziergänger, und ich sitze hier mitten drin und bin in meinem Herzen bei Schnuffel, der am Mittwoch seinen alten, kranken Körper verlassen hat und schliesslich kam es so, wie er es mir in unserem Gespräch übermittelt hatte: Hilf mir, denn ich möchte nicht ersticken. So starb er zwar nicht von allein, aber in meinen Armen, in Stille, friedlich, geliebt und in Würde. Er hatte dann zu Hause genügend Zeit, sich von seinem Körper zu verabschieden, der nun zur Erde zurückgekehrt ist, hier, in seinem geliebten Garten. Ich bin traurig, durch seine Abwesenheit spüre ich wie kraftvoll und gelassen seine Energie war und wie verlassen jetzt die Räume sind. Und ich empfinde so ein stilles Glück, dass ich ihn so gehen lassen konnte in dem ganz tiefen Wissen, wie frei und „eins" er jetzt ist, und ich sehe Bilder wie er springt und springt und springt und lacht!*

Wir kämpfen oft gegen den Tod, vielleicht weil wir uns vor ihm fürchten oder weil wir das Hergeben eines Körpers nicht akzeptieren wollen. Die Tiere helfen uns auch hier, das erlebe ich immer wieder. Der Kater Junior war bereit, seinen Körper kampflos aufzugeben, als er krank wurde. Er teilte dies seinen Menschen mit, signalisierte deutlich, dass er auf den Plan vertraue und sie es ihm gleichtun sollten. Es ist in einer solchen Situation sicher nicht leichter, den lieb gewonnenen

Freund gehen zu lassen, es hilft aber zu wissen, dass er damit einverstanden ist und dass es für ihn so gut ist, auch wenn uns der Zeitpunkt nicht passend erscheint. Ein Pferd zeigte seiner Menschenfreundin, dass es bereit sei, seinen Körper zu verlassen. *Schau mich an, wie soll ich mit diesem Körper weiterleben, er ist verbraucht und müde, das kann ich nicht ändern.* Es dauerte noch einige Wochen, bis seine Freundin bereit war, ihn gehen zu lassen, das wusste er und war bereit zu warten, bis sie soweit war.

Die Tiere sagen uns aber auch, wenn es für sie noch nicht Zeit zum Gehen ist. Eine fünfjährige Schäferhündin litt an einer unheilbaren Darmkrankheit. Ihre Menschen hatten sie bereits beim Tierarzt abgeliefert, der sie einschläfern sollte. Kurz vorher erhielt die Besitzerin von einer Bekannten meine Nummer und rief mich an. Im Gespräch gab die Hündin dem Wunsch Ausdruck, bei ihrer geliebten Familie bleiben zu dürfen, bis ihr Körper ganz verbraucht sei. Es folgten noch vier sehr intensive Monate voller Liebe, gegenseitigem Verständnis, tiefer Verbundenheit und Dankbarkeit.

Eines Tages rief mich eine Dame an. Ihr Kater Strizi war seit ein paar Tagen nicht nach Hause gekommen. Er übermittelte mir folgende Botschaft: *Ich bin weit gegangen, bis zum Wald beim Hügel oberhalb des Wassers. Dort hatte ich eine Begegnung mit einem Fuchs, er hat mir geholfen, meinen Körper zu verlassen. Sei nicht traurig, ich bin immer bei dir, nur habe ich keinen Körper mehr. Erinnere dich an unsere Zeit zusammen auf Erden, sie war bunt, schön und reich. Ich bin dir vorausgegangen und warte auf dich. In Liebe!* Seine Menschenfreundin hatte ganz ähnliche Bilder von Strizi bekommen und das Gespräch war eine Bestätigung für sie. Sie schreibt dazu: *Elf Jahre war Strizi nun bei mir und ist mir in dieser Zeit sehr ans Herz gewachsen, er war so sauber und anhänglich. Während ich im Garten mit den Blumen hantierte, ist er mir jeweils auf Schritt und Tritt gefolgt. Unsere Beziehung zueinander war etwas ganz Besonderes. Mein gutes Büsi war immer an erster Stelle am Morgen, und am Abend an letzter. Ich hatte soviel Freude mit ihm und plötzlich ist alles so leer. Wir wohnen an einer kurzen Strasse mit vielen Blumen, Büschen und Bäumen. Strizi ist nie mehr weit weggelaufen. Mit 14 Jahren war er noch so gut zwäg, einfach etwas langsamer. Über Nacht war er gern im Haus, aber in warmen Sommernächten wollte er draussen bleiben. Das war seit einigen Jahren so. Strizi hatte sein auserwähltes Plätzli zum Schlafen unter den Büschen im Garten, schön versteckt. Doch diesmal wurde er von einem Fuchs mitgenommen. Zwischen Uster und dem Städtli Greifensee am Greifensee hat es eine bewaldete Anhöhe, von dort kommen die Füchse, die seit letztem Winter von verschiedenen Menschen gesehen worden sind. Trotz schöner und guter Erinnerungen trifft mich der Verlust von Strizi besonders schmerzlich. Nie mehr sein samtweiches Fell streicheln und ihn schnurrlen hören. Strizis Verlust soll nicht erdrückend, sondern als kostbares Geschenk in mir bleiben.*

Bei einem Besuch auf einem Bauernhof traf ich einen sehr alten und kranken Hund. Die Bäuerin bat mich, ihn zu fragen, wie er sich fühle. Ich erinnere mich gut an das Gespräch. Ich sass am Boden, der Hund hatte den Kopf auf meine Knie gelegt, rundum waren einige Menschen versammelt, und wir alle weinten. Er war bereit zu gehen, wollte aber mit seiner Menschenfreundin nochmals den ganzen Hof besuchen und von allem Abschied nehmen, danach könne der Tierarzt kommen und ihn einschläfern.

Ich führte ein Gespräch mit einer schwerkranken Katze, die bald ihren Körper verlassen musste. Sie sagte ihren Menschen, dass sie ihnen ein Zeichen geben würde, wenn ihre Zeit gekommen sei, dass sie sich wünsche, ihr Körper würde an einem bestimmten Ort im Garten begraben und das Grab mit Rosenblättern bestreut werden. Als sie dann starb standen die Rosen in voller Blüte. Meistens passen die Dinge so schön zusammen.

Die Hündin Ginger war ein Wesen voller Liebe und Zuversicht, was sie ihren Menschen tagtäglich im Überfluss zukommen liess. In ihren letzten Tagen in diesem Körper durfte sie zulassen, dass nun ihre Menschen für sie da waren und nicht mehr umgekehrt. Voller Vertrauen auf ihren Weg wollte sie nichts weiter, als im Kreise ihrer Familie zuhause sein. So geschah es und sie schlief frühmorgens friedlich ein. So traurig der Abschied war, er gab allen Mut und Hoffnung und sie waren von tiefer Dankbarkeit und Liebe umgeben.

Ein geliebtes Tier gehen zu lassen, fällt uns Menschen sehr schwer. Die Tiere lehren uns, uns selber zu achten, zu lieben und zu vertrauen. Immer wieder machen sie uns darauf aufmerksam, wie wir unser eigenes Leben vereinfachen können. Ich habe es auch schon erlebt, dass ein Tier signalisierte, bereit zu sein den Körper zu verlassen und sich dann plötzlich wieder erholte, hier ist es oft so, dass wir Menschen dann ruhiger werden und mit weniger Ehrgeiz kämpfen, um den Körper zu erhalten, so war es auch bei der Katze Lisa, die schlimmen Durchfall hatte und sehr schwach war. Als wir mit ihr Kontakt aufnahmen, teilte sie uns mit, dass wir sie nicht aufhalten sollten, denn sie würde bald ihren Körper verlassen: *Lisa hat sich wieder erholt, sie hat zugenommen und ist wieder bei Kräften. Allerdings ist sie vom Wohnhaus der Tierheimleitung in die Wirtschaftsküche umgezogen, wo sie von einer Pflegerin gut gepäppelt wird.* Der zeitliche Rahmen ist bei der Mitteilung der Tiere nicht immer gut einzuschätzen, da sich ihr Zeitverständnis vom unserigen stark unterscheidet. Bald kann sofort heissen oder erst in einem Jahr, hier ist es auch wieder an uns, offen zu sein und die zeitlichen Aspekte vorsichtig zu übersetzen. Es kommt auch immer wieder vor, dass die Tiere ihren Menschen ausrichten lassen, es gehe ihnen gut, alles werde gut und sie sollen sich keine Sorgen machen. Solche Botschaften müssen wir immer im grösseren Zusammenhang betrachten. Nur wir Menschen haben den Verlust des physischen Körpers so stark negativ behaftet. Die Tiere fühlen in viel weiteren Dimensionen als wir, hier sind sie uns deutlich voraus. Es handelt sich bei solchen Aussagen immer um Momentaufnahmen und nicht um Prognosen. Oft hören wir Menschen nur das, was wir wollen, und wenn unser grösster Wunsch ist, dass das Tier weiter in seinem Körper verbleibt, sind wir gar nicht offen für die tiefere Bedeutung der Nachricht.

Bei einem plötzlichen Tod durch einen Unfall haben die Seelen manchmal Mühe, die Erde zu verlassen. Sie verbleiben noch eine Weile in einem Zwischenstadium und es ist dann sehr hilfreich, wenn wir uns mit einem schönen Ritual oder einer kleinen Feier von ihnen verabschieden, uns bedanken und ihnen den Abschied erleichtern. Es hilft auch, ihre Engel um Unterstützung zu bitten um ihnen den Weg ins Licht zu zeigen. Ich erinnere mich an Bella, eine wunderschöne Katze mit einem sanften Wesen. Sie war von einem Auto überfahren und aus ihrem physischen Leben gerissen worden, sie war verwirrt und brauchte mehr Zeit, um sich ganz von ihrem lieb gewonnenen Körper zu trennen.

Wie wichtig und tief die Verbindung unserer Tiere zu uns sein kann, zeigt diese Geschichte: Robi, ein gelber Kanarienvogel, kam im Alter von vier Jahren zusammen mit seiner Partnerin aus dem Tierheim zu Olga. Die beiden Vögel bezogen ein eigenes Zimmer wo sie frei fliegen konnten. Als seine Partnerin ihren Körper verlässt, ist der unterdessen zehnjährige Robi sehr traurig und einsam, und seine Menschenfreundin beschliesst, ihn zu einer Freundin zu bringen, wo er mit vielen anderen Vögeln zusammenleben kann. Robi geniesst dieses Leben, Olga besucht ihn oft und freut sich, dass es ihm so gut geht. Robi wird älter. Da ihn seine Füsse schmerzen, kann er nicht mehr auf den Stangen sitzen und lebt jetzt vorwiegend am Boden seines Käfigs. Dann erblindet Robi, findet sich aber auch so gut zurecht. Seine Füsse brauchen viel Pflege, Nelly, seine neue Menschenfreundin, gibt ihm anstelle des Sandes eine weiche Unterlage. Robi ist ein alter, gebrechlicher Vogel, sein gelbes Federkleid ist fast weiss geworden und er döst gerne vor sich hin, ist aber auch sehr aufmerksam wenn er wach ist. Der

Druck von aussen wird grösser, denn Nellys Bekannte beschimpfen sie als Tierquälerin, ein solch altes Tier gehöre eingeschläfert. Nelly aber spürt Robis Lebenswillen und wehrt sich für ihn. Eines Tages sucht sie das Gespräch mit Robi über eine Tierkommunikatorin und bekommt Erfreuliches zu hören: *Ja, ich habe Schmerzen im Fuss, aber ich komme ganz gut zurecht. Ich will leben, und ich verlasse meinen Körper dann, wenn es Zeit dazu ist. Ich möchte wieder Sand am Boden haben, und ich liebe es, wenn du mich badest und meine Füsse pflegst. Ich döse auch gerne in deinem Schoss oder auf deinen Händen, wenn du meine Flügel streichelst. Ich höre gerne Musik und freue mich, wenn ich deine Stimme höre.* Als Nelly für eine paar Tage in die Ferien fährt, kehrt Robi zu Olga zurück. Olga bemerkt, dass Robi sich zum Sterben bereit macht und erzählt ihm täglich, wie lange es dauert, bis Nelly zurückkommt. Dann endlich ist Nelly wieder da, und Robi freut sich sehr. Die beiden verabschieden sich voneinander, in der folgenden Nacht verlässt Robi seinen unterdessen zwölfjährigen Körper.

Wenn genügend Zeit bleibt um sich von seinem Tiergefährten zu verabschieden, ist das immer sehr schön und hilfreich. Petra hat dies so erlebt: *Ich habe mich bei Barbara Fenner gemeldet, weil es meinem neunjährigen Briard Merlin sehr schlecht ging. Er war schon seit Jahren krank, hat sich aber nie viel anmerken lassen. Er war immer gut drauf, freundlich zu jedem, immer zum Spielen aufgelegt und immer für einen Spass zu haben. Er war mir ein treuer, lieber Begleiter, was wir auch immer zusammen gemacht haben. Anfang Mai merkte ich, dass es ihm immer schlechter ging und er nicht mehr konnte, brauchte aber eine Weile, um es mir einzugestehen und habe alles versucht um ihm zu helfen. Er hat sich einen guten Zeitpunkt zum Sterben ausgesucht, wir waren alleine und wir hatten Zeit. Wir waren drei Tage lang rund um die Uhr zusammen und Merlin hat so lange gewartet, bis ich mit ihm über die Tierkommunikatorin gesprochen hatte. Ich wusste nicht, ob er Schmerzen hat, was ich für ihn tun konnte, ob er wollte, dass ich noch etwas tat, ob ich bei ihm sein sollte. Der Kontakt hat mir sehr geholfen und mir auch vieles bestätigt, was ich gespürt hatte, er übermittelte Folgendes: Da war diese ganz grosse Liebe zwischen uns beiden, eine Liebe die keine Grenzen hat, sein Spass an allem, was wir unternommen haben, sein Zeichen, dass er bereit war zu gehen. Und er sagte auch, dass er schon früher bereit gewesen wäre zu gehen, ich ihn aber gebeten hätte noch zu bleiben. Er spüre einen grosse Müdigkeit, eine Schwere und Unbeweglichkeit, alles sei hart. Sein Körper sei ihm nie so wichtig gewesen, und durch seinen Tod werde viel Energie frei, die ich nutzen solle, er werde mir helfen, vieles werde sich verändern und er werde mich unterstützen. Schön war für mich, dass er der Tierkommunikatorin ein Bild von uns beiden übermittelte, er lag mit dem Kopf auf meinem Knie, schaute mich mit seinen braunen Augen an und er hatte graue Strähnen im Fell. Er möchte, dass wir in Körperkontakt bleiben solange er noch in seinem Körper sei, ich solle nicht traurig sein und ruhig werden. Das Gespräch hat uns beiden sehr geholfen, ich konnte ihn gehen lasen und er konnte beruhigt gehen. Alles war gut und richtig. Wir wurden beide ruhig und er ist acht Stunden nach unserem Gespräch gestorben. Ich hatte das Gefühl, dass alles richtig war, obwohl es nicht leicht war, ich ihn auch heute noch oft vermisse, er fehlt mir sehr und doch weiss ich, dass er oft bei mir ist. Merlin hat mir sehr viel beigebracht, ich habe vieles in meinem Leben durch ihn geändert und gelernt, und er hatte es bestimmt nicht immer leicht in unserer Familie. Vieles habe ich auch erst nach seinem Tod richtig gesehen und verstanden.*

Wir haben die Wahl, ob wir uns auf eine Verbindung einlassen und von den Tieren lernen wollen. Wer zu diesen reichen Begegnungen ja sagt, dem eröffnen sich ganz neue Sichtweisen, Einsichten und Beweggründe – so wie in der Geschichte von Robi, dem kleinen gelben Kanarienvogel. Seien wir also offen, achten und respektieren jedes Wesen, auch unsere Mitmenschen, und freuen uns an diesen Begegnungen.

Meine Begleiter

Tiere haben mich schon seit frühester Kindheit begleitet, mein Vater war ein begeisterter Reiter und im näheren Umkreis unserer Familie lebten zahlreiche Tiere. Die Liebe zu den Tieren teilte ich also mit meiner Familie, und dafür bin ich heute noch sehr dankbar. Als ich in der ersten Klasse nicht lesen lernen wollte, lockten mich meine Eltern mit einer Katze. Ich las und kurz darauf zogen Chera und Sirikit bei uns ein, und die beiden lebten dreizehn Jahre lang bei uns. Sirikit hatte ein weiss-braun geflecktes Fell, sie war in jeder Beziehung speziell und wusste was sie wollte. Chera war die sanftere der beiden und hatte sich meiner Schwester angeschlossen, sie war dunkelbraun und sehr geschickt, so öffnete sie selbständig Türen, indem sie an die Falle hochsprang und diese niederdrückte. Die beiden Katzen waren starke Persönlichkeiten, wir liebten sie sehr, und sie wurden als wichtige Familienmitglieder geschätzt. Sirikit konnte es nicht ertragen, ausgelacht zu werden, beim kleinsten Spass unsererseits kam sie heran und kniff uns in die Wange oder haute mit ihren Pfoten auf uns ein. Wenn Menschen zu Besuch waren, die mit Katzen nicht viel anfangen konnten, hatte sie ihren Auftritt, vielen Menschen war Sirikit unheimlich, was sie sichtlich genoss. Wenn unsere Familie übers Wochenende weg war, waren die Katzen beleidigt und zeigten uns das sehr deutlich. Wir hatten viel Spass zusammen und ich lernte, Chera und Sirikit so zu lieben wie sie waren. Unsere Verbindung war sehr eng und wir genossen das Zusammensein.

Meine Mutter hätte es gern gesehen, wenn meine Schwester und ich uns am Balletttanzen erfreut hätten – wir wollten aber beide lieber reiten lernen, sehr zur Freude meines Vaters, der diesen Wunsch unterstützte und uns Reitstunden ermöglichte. Obwohl der Reitlehrer streng war und uns immer wieder mit seiner lauten Stimme einschüchterte, hielten wir durch und fanden uns jede Woche zur Reitstunde ein, denn wir spürten dass er seine Pferde sehr liebte und sie oft zuvorkommender behandelte als die Menschen. Gerne suchten wir die Nähe der Pferde, denn wir wollten alles über sie wissen und lernen. Später lernte ich Pferde kennen, die in der Herde auf der Weide lebten und das Putzen, Pflegen und Satteln war ein grosser Bestandteil der gemeinsamen Stunden. Da galt es auch, sich auf der Weide zu behaupten und ein Pferd zum Mitkommen zu überreden, alles Dinge, die im strengen Betrieb der Reitschule nicht möglich gewesen waren. So lernte ich zwei ganz verschiedene Arten kennen, wie Pferde mit den Menschen lebten. Am meisten habe ich aber von den Pferden selber gelernt, denn sie haben mich immer spüren lassen, welches ihre Ansicht von meinen Plänen war. Rückblickend sehe ich viele Erlebnisse klarer und bin dankbar für all die Lektionen in Liebe, Vertrauen und Mut, die mir die Pferde beigebracht haben.

Später lernte ich neue Tierfreunde kennen und hiess sie in meinem Leben willkommen. Obwohl die äusseren Umstände nicht immer optimal waren, fanden die Tiere nach und nach ihren Weg zu mir. Viele von ihnen begleiteten mich über wichtige Abschnitte meines Lebens, ihnen allen habe ich sehr viele wertvolle Erfahrungen zu verdanken und uns verbinden wunderschöne Erinnerungen. Zu den wichtigsten „meiner" Tiere gehören Domingo, Lucino, Merlin, Franzi, Cazador, Monet, Bonita und Japa. Einer meiner besten Lehrer war der Vollblüter Lucino, den ich einige Jahre lang reiten durfte. Sein Stolz und seine Kraft hat er auf eindrückliche Weise gezeigt, nicht nur in seiner Vergangenheit als Galopprennpferd. Er liess sich nicht auf alles ein, prüfte erst einmal, was wir Menschen denn nun schon wieder im

Sinn hatten. Ich erinnere mich gut, wie er bis zum letzten Weidepfosten spazierte und dann einfach stehen blieb, den Reiter ignorierend. Da war es an uns Menschen, ihn zu überzeugen, er lehrte mich, in solchen Momenten überlegt zu handeln und zwang mich, nach Ideen zu suchen. *Ich bin sehr stark und ich kann euch Menschen zwingen umzudenken*, sagte er mir später einmal. Er hatte sich sein Leben eingerichtet, es war an uns, ihm zu beweisen, dass wir es ehrlich mit ihm meinten.

Merlin war ein stolzer, schwarzer Bergamasker-Mischling. Unsere Mutter war wenig begeistert von unserem Hundewunsch, mit der moralischen Unterstützung unseres Vaters aber holten meine Schwester und ich eines Abends den Welpen nach Hause. Schon nach kurzer Zeit hatte er auch das Herz unserer Mutter erobert. Fast vierzehn Jahre lang begleitete er meine Schwester und unsere ganze Familie. Er war immer dabei und liebte uns so, wie wir waren. Ich erinnere mich gut an den Abend als wir Merlin abholten, es war Anfang März 1991 und schon am Eindunkeln als wir das Grundstück am oberen Zürichsee erreichten. Ein schmaler Fussweg führte durch den Wald zum Haus, meine Schwester und ich fühlten uns wie in geheimer Mission unterwegs. Den Gedanken an unsere Mutter verdrängten wir erfolgreich und holten den kleinen runden Merlin zu uns.

Ein besonders lieber Freund ist mir auch El Francès, das Pferd meiner Schwester. Aus dem zuerst unsicheren und ängstlichen Wallach ist im Laufe der Zeit ein unkompliziertes, stolzes und von allen geliebtes Pferd geworden. Er ist voller Frieden und geniesst das Leben im Offenstall mit unseren beiden anderen Pferden Cazador und Bonita. Der treue Fuchswallach wird Franzi genannt und von ihm habe ich vor allem gelernt, geduldiger zu sein. Er hat mir gezeigt, dass seine Liebe und sein Vertrauen in uns Menschen unendlich gross ist: *Das Leben ist viel einfacher als du denkst. Sei offen. Geh auf andere zu, auch wenn es dir schwer fällt. Schenke Liebe und Güte und freue dich an deinem Dasein. Mein Wunsch ist es, euch Liebe zu schenken.*

Vor zehn Jahren traf ich mein erstes eigenes Pferd, den schwarzen Paso Peruano Wallach Cazador. Ich erinnere mich gut an unsere erste Begegnung, Cazador war gerade aus England in die Schweiz gekommen und erholte sich von der Reise auf einer grossen Weide, zusammen mit seinem Reisegefährten Diamante. Seine Erscheinung beeindruckte mich tief, er bewegte sich so elegant und sicher, dass ich einfach nur staunen konnte. Als Cazador dann zu mir kam und sich streicheln liess, war mein Glück gross. Es war Liebe auf den ersten Blick - und Cazador war zu verkaufen. Ich setzte alle Hebel in Bewegung, kratzte alles Geld zusammen, kündigte meine Stadtwohnung und zog aufs Land, damit ich mit meinem Pferd unter einem Dach leben konnte. Sein Platz in meinem Leben war von der ersten Sekunde an klar. *Du bist für mich da*, meinte er einmal als ich nach dem Sinn meines Lebens fragte. Seine Liebe ist gross, manchmal fordernd, immer unterstützend. Seine Geschichte ist eng mit meiner verbunden, ohne ihn wäre mein Weg vielleicht anders verlaufen, und durch ihn kam ich mit der Tierkommunikation in Kontakt.

Monet war zehn Wochen alt, als ich ihn zum ersten Mal sah, das war am Tag nach der Beerdigung meines Vaters. Der kleine Briard watschelte mir entgegen, schaute an mir hoch, hob seine kurzen Beinchen und versuchte sich hochzuziehen. Ich konnte nicht anders, er hatte gewählt. Dass er einer meiner Lehrer sein würde, wusste ich damals noch nicht – ich hätte es auch nicht geglaubt. Seine Geduld und seine Stärke sind wunderbar, er hilft mir auf dem Boden zu bleiben und es freut mich sehr, dass er mir immer wieder in den Kursen hilft.

Die Paso Fino Stute Bonita del Cielo war ein Jahr alt, als wir uns begegneten. Sie beeindruckte mich mit ihrer Hartnäckigkeit: Bei unserer ersten Begegnung, die natürlich rein zufällig war, lief sie hinter mir her während ich fotografierte, wartete am nächsten Morgen alleine am Weidetor und machte immer wieder auf sich aufmerksam. Bonita hatte ein klares Ziel, das sie auch erreichte: Kurz vor meiner Heimreise unterschrieb ich den Kaufvertrag, besuchte die junge Dame dann einmal im Monat in ihrer 500 Kilometer von Zürich entfernten Heimat und holte sie ein Jahr später nach Hause. Es gelang ihr immer wieder, mich an meine Grenzen zu bringen,. Ihr nein war jeweils sehr klar, mein ja irgendwie zu zaghaft. Ich bewundere sie für diese Geradlinigkeit, und ich habe in dieser Hinsicht viel von ihr gelernt. Ich sagte ihr, dass ich sehr stolz auf sie sei, denn sie sei so sicher, locker und fröhlich. Sie antwortete: *Mach es ebenso, das beschwingt.*

Drei Jahre später stiess Japa zu uns, sie ist eine schlanke Mischlingshündin und kommt aus der Nähe von Nürnberg. Sie war zehn Wochen alt, als sie mit mir zurück in die Schweiz reiste. Sie ist ein Lichtwesen in einem Hundekörper, rein und klar und voller Liebe. Nachdem sie ein paar Monate bei mir war, teilte sie mir mit: *Es gibt keine Grenzen, die machst du dir selber. Hab Mut, geh mir nach, das Leben ist spannend, voll, lustig.* Auf die Frage, wie ich meine Kommunikationsfähigkeit verbessern könne, meinte sie schlicht: *Indem du aufhörst, es zu versuchen. Vertraue, alles andere ergibt sich von selbst.*

Wie ich zur Tierkommunikation kam

Zusammen mit meiner um zwei Jahre jüngeren Schwester bin ich in Zürich aufgewachsen und zur Schule gegangen. Es waren Jahre der Freude aber auch des Lernens, vorwiegend in den von der Gesellschaft diktierten Grenzen. Meine Liebe zu den Tieren war immer stark und oft zog ich mich zu ihnen zurück, genoss ihre Gegenwart und lud auch ab und zu meine kindlichen Sorgen bei ihnen ab. Nach dem Gymnasium studierte ich an der Universität Zürich Germanistik und schloss dieses Studium im Jahr 1993 ab. Mein Interesse an Sprache und Literatur war immer schon gross gewesen, und im Laufe der Zeit entdeckte ich neue, faszinierende Gebiete wie zum Beispiel die Fotografie. Ich liebte es, mit der Kamera durch den Wald zu streifen und mit dem Makroobjektiv die kleinsten Pilze und Moose auf den Film zu bringen. Ich besuchte zahlreiche Kurse und investierte viel Zeit in dieses faszinierende Hobby, liebte ich es doch, auch meine Tiere regelmässig als Fotomodelle zu wählen. Und natürlich reizte es mich, spezielle und nicht alltägliche Fotos zu gestalten. Beruflich gesehen wusste ich, was ich nicht wollte und so fiel es mir schwer mich festzulegen. So arbeitete ich weiterhin als Assistentin in einer grossen Anwaltskanzlei in Zürich, wo ich mich mit viel Ausdauer und wohl auch dem nötigen Humor in die immer im Übermass vorhandene Arbeit stürzte. Ich stellte fest, dass ich ziemlich viel Druck standhalten konnte und genoss das Gefühl, gebraucht zu werden. Die täglichen Büroprobleme waren da, um gelöst zu werden, immer neue Herausforderungen kamen dazu und doch spürte ich ganz tief in mir, dass mich diese Arbeit nie auszufüllen vermochte, denn ich hatte nie das Gefühl wirklich zu arbeiten, ich erledigte administrative Dinge und wurde dafür geschätzt, nicht mehr und nicht weniger. So wollte ich Neues kennenlernen und bewarb mch als Journalistin und Fotografin bei einer Fachzeitschrift, wo ich dann einige Zeit arbeitete. Aber auch hier fühlte ich mich nicht am richtigen Platz, empfand den Alltag als eher langweilig, Herausforderungen gab es kaum. Als ich später mit den Pferden nach Zürich umzog, war ich an meiner alten Arbeitsstelle wieder herzlich willkommen und ich wechselte zurück in die Anwaltskanzlei. Mein Bedürfnis, geschätzt zu werden war zu dieser Zeit sehr stark, erst später lernte ich, mich selber so zu schätzen wie ich es bis anhin nur von aussen zugelassen hatte. Die ersten Kurse in Tierkommunikation fielen in diese Zeit und meine Begegnungen mit den verschiedensten Tieren häuften sich. Und ich lernte darauf zu vertrauen, dass sich irgendwann und irgendwo eine neue Türe öffnen würde und ich diese auch bald finden würde.

Eine neue Welt tat sich auf

Als Cazador krank wurde und keine Behandlung dauerhafte Besserung brachte, hörte ich von einer Frau, die mit Tieren spricht. Ich war skeptisch, war aber auch in einer Notsituation und so überwand ich vorerst die Angst vor einer solchen Erfahrung. Das Gespräch mit Cazador öffnete mir den Blick für neue Dimensionen, ich war glücklich, verwirrt und vor allem unendlich dankbar. Als ich hörte, dass Helen Gerber Kurse gibt, meldete ich mich an. An den Grundkurs begleitete mich Monet, er schlief entspannt neben meinem Stuhl und schien am Geschehen nicht besonders interessiert zu sein. Als wir ihn fragten, meinte er, er befasse sich nicht mit läppischen Farbübungen, er sei mein geistiger Führer und würde warten, bis ich soweit sei, ihn zu verstehen, üben könne ich mit anderen. Nach dem Kurs änderte sich nicht viel, so glaubte ich zumindest. Mir fehlte oft der Mut, Veränderungen anzunehmen oder Neues zu beginnen, und ich suchte Antworten bei meinen Tieren. Cazador meinte dazu: *Ruhe, atme, geniesse. Deine Arbeit mit den Tieren und den Menschen ist sehr wichtig. Sie wird Wege öffnen, Raum schaffen und dein und unser aller Wissen erweitern. Deine Arbeit ist Teil deines Lebens – schon immer gewesen, nur lange ungenutzt. Aus Angst, Angst anders zu sein, Angst aufzufallen. Warum denn? Sei stolz, werde mutiger, hab Vertrauen. Es wird sich viel ändern in nächster Zeit und vergiss nie, wie wichtig unsere Verbindung ist. Ich liebe dich unendlich und bin voller Freude, Liebe, Licht. Unsere Verbindung ist sehr kostbar und wird dir auch in schwierigeren Zeiten immer*

genug Kraft geben deinen, unseren Weg zu gehen. Nachdem die Barrieren ein Stück weit gefallen waren, kamen neue Ängste. Höre ich die Tiere auch gut genug, kann ich ihre Botschaften treffend übersetzen? Diese und weitere Fragen tauchten auf. Meine Fuchsstute Bonita meinte dazu: *Ich sehe dein Problem nicht. Es ist doch alles wunderbar. Vertraue, denn es wir gut werden, du wirst viel bewirken können, denn deine Helfer sind zahlreich und unermüdlich. Freue dich, lass es fliessen. Ängste blockieren den Fluss, es ist alles geregelt. Setze deine Energien umsichtig ein und distanziere dich von falschen Werten, falschen Tönen, falschen Reden. Du wirst diese immer deutlicher erkennen. Setze nicht alles in Beziehung zu dir – du musst lernen, Dinge an dir vorbei fliessen zu lassen. Sag ihnen, dass sie für dich nicht gut sind und verabschiede dich von ihnen. Es gehört vielleicht etwas Mut dazu, aber es muss sein. Für dich, damit du immer klarer kommunizieren kannst, mit allem, was lebt.*

Ich arbeitete während dieser Zeit in einer grossen Anwaltskanzlei, mein Alltag war ziemlich hektisch und ich hatte daneben weder genug Zeit noch Musse für die Tiere. Das Reiten fand meistens am frühen Morgen statt, ich kämpfte mich gegen fünf Uhr aus dem Bett und genoss dann die Ruhe im erwachenden Wald. Mein Vertrauen war noch nicht stark genug und ich beschloss, nochmals den Grundkurs zu besuchen. Und da glaubte ich endlich an meine Fähigkeit, mit den Tieren zu kommunizieren. Nach der Mittagspause fragten wir die Hunde, was sie erlebt hätten. Ich spürte plötzlich einen starken Schmerz im rechten Oberarm und war so verwirrt, dass ich keine weiteren Informationen erfragte. In der anschliessenden Austauschrunde erzählte ich, was ich gespürt hatte und Helen bestätigte, dass ihre Hündin von einem anderen Hund gebissen worden sei. Ich war glüklich, denn zum ersten Mal hatte ich eine so klare Antwort erhalten und den Schmerz körperlich spüren können. Ich begann langsam, meiner Wahrnehmung zu vertrauen. Weitere Kurse folgten und gaben mir mehr Sicherheit, in der Geborgenheit der Gruppe ging alles so leicht. Wieder zurück im Büro, war es dann nicht mehr so einfach. Ich war hin und her gerissen zwischen diesen beiden Welten und wusste nicht, wie sie zu verbinden waren. Sie waren es nicht, nur hatte ich damals nicht den Mut, das zu sehen und zu akzeptieren. So übte ich mit meinen Tieren und freute mich, wenn ich sie hörte. Ich begann, die Tiere zu verschiedenen Bereichen meines Lebens zu befragen, wollte wissen, wie ich den Kontakt zu ihnen verbessern konnte, was ich zu lernen hätte aus der momentanen Situation und noch vieles anderes. Sie gaben mir bereitwillig Auskunft, ich schrieb fleissig mit, wunderte mich und liess es dabei bewenden, wusste ich doch oft nicht, was sie meinten. Um dem Büroalltag zu entfliehen spazierte ich in der Mittagspause am Zürichsee und tauchte ein in die kleine Oase der Ruhe mit den Tieren und der Natur. Eines Tages traf ich eine Möwe und fragte sie, was ich von ihr lernen könne. Die Antwort war sofort da: *Behalte die Übersicht. Sei aufmerksam und bereit, Neues zu entdecken.* Auf die Frage, was sie über meine Bestimmung in diesem Leben wisse, antwortete sie: *Hilf uns, unsere Botschaft weiterzutragen. Schreib alles auf, nutze diese Gabe. Öffne dein Herz und nimm dir Zeit.* Ich war berührt, aber auch etwas verwirrt. Da kam ein Schwan vorbei, schaute mich an und ich spürte seine Botschaft: *Sei stolz auf dich und das, was du mit und für uns tust.* Es schien mir, als ob die Tiere mehr über meine Zukunft wüssten als ich selber. Bei einem Spaziergang mit Monet kam ich an einer Schafweide vorbei. Ich grüsste die Schafe und fragte, was ich von ihnen lernen könne: *Geduld, Duldsamkeit. Es freut uns, dass du uns wahrnimmst. Wir zeigen euch Menschen, dass ihr uns braucht. Trag unsere Botschaft weiter, die Botschaft der Tiere! Freue dich am Leben, denn Freude ist göttlich.*

Die ersten Gespräche

Von dem Gedanken, jemals für andere Menschen mit ihren Tieren zu kommunizieren, war ich zu diesem Zeitpunkt noch weit entfernt. Es ergab sich einfach – meine Tierfreunde arbeiteten sanft im Hintergrund und führten mich sicher. So nahm alles seinen Lauf. Ich staune immer wieder, wie viel unsere Tiere über uns und unseren Weg wissen, so auch Kurt, einen Frosch, den ich im Laufe meiner Ausbildung kennen lernte. Mitten in der Nacht weckte er mich und forderte mich auf, ihm die Fragen zu stellen, mit denen wir tagsüber geübt hatten. Ich staunte, wie viel er wusste. Seine Antwort auf die Frage, was ich von ihm lernen könne, vergesse ich nie, er sagte zu mir: *Bleib mit allen Füssen auf dem Boden. Der Kontakt zur Erde ist wichtig!* Seinen Rat gebe ich in den Kursen immer gerne an die Teilnehmer weiter, keine Tätigkeit verlangt von uns, dass wir den Boden verlieren, im Gegenteil. Ferner teilte er mir mit, ich solle alles aufschreiben, was ich hörte, ich würde diese Notizen noch brauchen – wie Recht er doch hatte! Ich bin sehr glücklich über diese Begegnung und froh um seine Unterstützung, ich kann ihn jederzeit um Rat fragen.

Ich erinnere mich an mein erstes Gespräch mit einem „fremden" Tier. Eine Kollegin bat mich um Rat, da sie wegen ihres kranken Pferdes in Sorge war. Es war kurz vor Jahresende und ich hatte gerade den Aufbaukurs absolviert. Die Kollegin versorgte mich mit den nötigen Informationen über das Pferd und ihren Fragen und ich versprach, das Gespräch zu führen und ihr Anfang Januar Bericht zu erstatten. Da stand ich nun mit den Fragen und hatte Angst, Angst zu versagen, Angst das Pferd nicht richtig zu verstehen, Angst vor mir selber – es war verwirrend und beschäftigte mich sehr. Also verschob ich das Gespräch von einem Tag zum nächsten. Am letzten bürofreien Tag fand ich keine Ausreden mehr. So musste ich mir eine Situation schaffen, die so neu und anders war, dass ich meine Barrieren überwinden konnte: Ich setzte mich ins warme Wasser in die Badewanne und beleuchtete das Badezimmer mit Rechaudkerzen, die ich rund um die Wanne aufstellte. Und so es war ganz leicht, das Pferd wartete schon auf den Kontakt und übermittelte mir seine Antworten so schnell, dass ich kaum mitschreiben konnte, vieles wollte es loswerden. Es übermittelte mir seine tiefe Traurigkeit, *meine Seele schmerzt*, antwortete es auf die Frage, ob es Schmerzen habe. Seine physischen Schmerzen interessierten es nicht mehr. *Zu vieles ist passiert mit mir. Ich war in einem grossen Stall, alles war vergittert, ein stämmiger Mann war grob und lieblos. Ich war eines von vielen Pferden, ständig plärrte das Radio, laute Worte und Flüche krochen durch die Luft. Ich war allein, niemand kam um mich einfach zu streicheln oder mit mir zu sprechen. Sie haben mich nicht als Wesen mit einer Seele betrachtet.* Ich erklärte dem Wallach, dass seine Menschen sich Sorgen um seine schmerzenden Gelenke machten und dass sie sich überlegen würden, ihn einschläfern zu lassen. Seine Antwort kam prompt: *Sie werden mich erschiessen lassen, aber ich fürchte mich nicht. Ich werde ins Licht gehen.* Er war fröhlich bei diesem Gedanken und äusserte letzte Wünsche: *Ich will mich noch einmal im Schnee wälzen und rennen, und dann hätte ich gern einen ganzen Kessel voll roter Äpfel, nur für mich.* Zum Zeitpunkt des Gesprächs war von Schnee nichts zu sehen, die Wiesen waren grün, aber schon am nächsten Tag begann es zu schneien. Das Pferd bekam seine Äpfel und durfte im Schnee rennen, zehn Tage später wurde er zum Metzger gebracht. Dieses Gespräch beschäftigte mich lange und es war sehr tröstlich für mich, als ich später erfuhr, wie es weitergegangen war. Der Tag, an dem der Wallach zum Metzger gebracht wurde war trüb, deshalb waren alle Pferde im Stall und schauten auf den Hof, kein Wiehern oder Scharren war zu hören. Der Hänger stand bereit und entgegen seiner sonstigen Gewohnheit stieg das Pferd sofort ein und zupfte am bereitliegenden Heu, auch das hatte es früher nie getan. Er betrat dann die Metzgerei mit einer Selbstverständlichkeit, stellte sich hin und senkte den Kopf. Er war bereit, und es war für ihn so in Ordnung. Noch jetzt beim Schreiben spüre ich seine Leichtigkeit, seine atemlose Freude darüber, keine Schmerzen mehr zu haben. Durch das Gespräch habe ich viel gelernt, ich wurde gleich mit mehreren meiner menschlichen Grenzen konfrontiert, und das hatte ich gebraucht.

Danach führte ich zunächst verschiedene Gespräche mit den Tieren von Bekannten und Freunden. Goma, die Katze einer Kollegin, befragte ich ebenfalls zu meiner Bestimmung: *Du bist ein Kanal zwischen uns Tieren und denjenigen Menschen, die an sich und ihren Fähigkeiten zweifeln. Die Menschen werden zu dir kommen, hab etwas Geduld.* Rückblickend betrachtet ging alles sehr schnell. Irgendwann begann das Telefon zu klingeln und ich wurde gebeten, mit den Tieren zu reden. Weder machte ich Werbung noch erzählte ich selber von meiner Arbeit, die ich neben meinem inzwischen reduzierten Bürojob tun durfte. Das eine führte zum andern, es war Zeit, ich verliess die Anwaltskanzlei, wo ich viel über die Menschen und vor allem über mich selbst gelernt hatte, und immer häufiger läutete das Telefon. Nebenbei arbeitete ich als Journalistin, mein Leben hatte sich auf angenehme Art verändert und ich begann die Selbständigkeit zu geniessen. Heute bin ich hauptberuflich als Tierkommunikatorin und von Penelope Smith autorisierte Lehrerin in telepathischer Kommunikation mit Tieren tätig.

Der Weg ist das Ziel

Mein Weg zur Tierkommunikatorin führte mich durch viele Erfahrungen mit Tieren und Menschen, zeigte mir meine Grenzen, meine Schwächen und meine Stärken, verlangt intensives Üben und die Bereitschaft, meine eigenen Blockaden und Ängste Schritt für Schritt zu erkennen und zu lösen. Ein Prozess, der nie enden wird, und dafür bin ich sehr dankbar. Das Wissen und die Erfahrung, die ich in den Kursen bei Helen Gerber und Penelope Smith mitnehmen durfte, sind – so gross sie auch waren – nur ein kleiner Teil meines ganz persönlichen Weges.

Mein Weg wird von den Tieren intensiv und mit viel Liebe unterstützt. Meine Tiere hatten und haben viel Arbeit mit mir, sie haben aber auch viel Geduld und schenken mir ihr Vertrauen, so dass ich wachsen kann. Dafür bin ich ihnen unendlich dankbar. Das erste Gespräch mit meinem Pferd war für mich von grosser Bedeutung. Nicht weil ich Dinge erfahren hatte, die ich nicht wusste, nein, einfach weil ich endlich erkannte, dass wir unsere Gefühle austauschen konnten und dass diese wirklich von ihm kamen und nicht meiner Fantasie oder meinem Denken entsprangen. Ich hatte es gespürt, aber durch das Gespräch bekam ich die nötige Sicherheit. Die Intensität unserer Beziehung wurde dadurch noch stärker und kraftvoller. Ein Stück weit war auch mein anerzogenes Weltbild ins Wanken geraten, ein Umstand, der mir am Anfang ziemlich viel Mühe machte, was sich in häufigem Zweifeln an den empfangenen Botschaften äusserte. Diese Zweifel und Blockaden auszuschalten war für mich als gut trainierter Kopfmensch sehr schwierig. Die Tiere haben sehr viel Geduld mit mir und verzeihen mir meine Nachfragerei meistens. An einem Kurs über Energiearbeit sagte mir der Leiter, ich solle nicht so streng mit mir selber sein. Das hat mir sehr geholfen und ich bin ihm sehr dankbar für diesen Hinweis, er half mir, lockerer mit mir selber zu sein. Denn das ist etwas ganz Wichtiges: Sich selber akzeptieren zu können und seine eigenen Stärken und Schwächen zu erkennen. Und das alles nicht nur in Bezug auf die Gespräche mit den Tieren, sondern aufs Ganze gesehen.

Meine eigenen Grenzen zu kennen, gehört für mich mit zum Wesentlichsten im Leben. Ehrlich mit sich selber sein und seine Grenzen zu akzeptieren ist zwar nicht immer ganz leicht, es gehört aber dazu. Ich musste selber herausfinden, wie viele Gespräche ich pro Tag verkraften kann, viel viele Pausen ich brauche, wie ich am Besten wieder Energie auftanken und ruhig werden kann. Die Arbeit als Tierkommunikatorin ist kein Job, den man so schnell zwischendurch oder nebenbei machen kann. Es ist ein grosses und wunderbares Geschenk und ein Auftrag, den ich mit all meinen Kräften erfülle. Während den Gesprächen ist volle Aufmerksamkeit und Konzentration wichtig. Deshalb lasse ich mich nicht zu mehr drängen als ich zu geben vermag, denn die Gefahr, nicht genau genug zuzuhören, ist dann sehr gross.

Ich gebe mein Bestes, helfe dort wo ich kann und respektiere jedes Wesen in seiner momentanen Situation. Die Tiere haben mich gelehrt, genauer hinzuschauen, besser zu spüren, was abläuft. Sie warnen mich immer wieder vor voreiligen Schlüssen, Wertungen und Ungeduld. Eine besonders strenge Lehrerin ist Sirikit, die Katze, die zu mir kam, als ich lesen lernte. Am Anfang meiner Tätigkeit als Tiertelepathin fragte ich Sirikit, wie ich die Qualität meiner Arbeit mit den Tieren verbessern könnte. Ihre Antwort war klar und unmissverständlich: *Du kommunizierst noch zu ungenau, bleib bescheiden, ruhig, zurückhaltend. Stell dein eigenes Wesen in den Hintergrund, es ist nicht wichtig für deine*

Arbeit. Deine Kanäle sind noch nicht offen genug. Sie müssten gereinigt werden, zu viel Altes, Belastendes, Egoistisches klebt an ihnen. Schau zu, dass du das wegschicken kannst. Du wirst sehen, dass die Qualität deiner Kommunikation stark zunehmen wird. Bilde dir nicht ein, etwas Besonderes zu sein. Du bist lediglich am Erwachen, das ist ein langwieriger Prozess. Ich habe dein Erwachen eingeleitet und eine Zeit lang begleitet, dann musste ich gehen. Schade. Nun bin ich wieder da und werde dich unterstützen, vorausgesetzt du gibst dir Mühe. Ich habe mir diese Dinge zu Herzen genommen und bitte meine Helfer immer wieder darum, noch genauer und klarer übersetzen zu lernen. Es ist mein Weg und ich gehe ihn, so gut ich kann. Das gibt mir Vertrauen und Sicherheit. Die Hündin Kaya hat es so ausgedrückt: *Du bist auserwählt, unsere Stimme in eurer Welt laut werden zu lassen. Alles was du bis jetzt gemacht hast waren Vorbereitungsarbeiten, du hast dich warmgelaufen. Jetzt bist du bereit, in anderem Umfang tätig zu werden: Als Vermittlerin zwischen uns Tieren und den Menschen.*

Die Unterstützung meiner Familie, der Austausch mit lieben Freunden und die Rückmeldungen der Menschen, die mich mit ihren Tieren reden lassen, bedeutet mit sehr viel und ich bin dankbar, von allen Seiten so liebevoll unterstützt zu werden. *Ihr alle seid einzigartig, geniesst das Geschenk Leben*, meint mein Freund Cazador. Seine Geschichte ist eng mit meiner verknüpft und ohne ihn wäre ich heute nicht hier. Wir gingen Schritt für Schritt, immer wieder glaubte ich, meine Grenze erreicht zu haben, aber nein, er begleitete mich weiter zu neuen Erkenntnissen und neuen Geschenken.

Cazador – „Das Leben ist schön so wie es ist“

Cazador war mein erstes eigenes Pferd und er war drei Jahre alt, als wir uns kennen lernten. In unserem ersten gemeinsamen Sommer begann seine Krankheit und sie spitzte sich in den folgenden Jahren immer mehr zu. Cazador hatte mit einer beinahe monatlich wiederkehrenden periodischen Augenentzündung zu kämpfen. Bei unserem ersten Besuch im Tierspital wurde festgestellt, dass er auf dem linken Auge bereits erblindet war, die Prognose des Spezialisten war niederschmetternd. Ausser der klassischen schulmedizinischen Symptombekämpfung gäbe es nichts, was wir tun könnten. Damit gab ich mich nicht zufrieden und suchte nach anderen Möglichkeiten – nach wenig fruchtbaren homöopathischen Therapien brachte eine Akupunkturbehandlung zunächst die grösste Erleichterung. Langfristig aber zeitigte auch diese Behandlung nicht den gewünschten Erfolg. Ich war hin- und hergerissen, glaubte zu wissen, dass er bleiben wollte und traute gleichzeitig meinen Gefühlen nicht mehr.

Das war der Moment, wo ich mit Helen Gerber einen Termin vereinbarte. Eine Kollegin hatte mir von der Frau erzählt, die mit Tieren spricht. Ich erinnere mich gut, das Gespräch fand am 26. Dezember 1999 statt, und es war mein schönstes Weihnachtsgeschenk. Einen Tag später fegte der Sturm Lothar übers Land und drei umstürzende Tannen trafen das Dach unseres Stalles und hätten beinahe unsere Pferde erschlagen – irgendwie passte auch diese Erfahrung, sie gab mir Vertrauen in unseren Weg und unterstrich das Erlebnis der Zwiesprache mit meinem Pferd eindrücklich. *Du verstehst fast alles, was ich sage*, meinte Cazador im Gespräch und ermutigte mich, mehr über diese Art der Kommunikation zu lernen. Während des Gesprächs wusste ich einfach, dass die Botschaften richtig waren und von meinem Pferd kamen. Mein Verstand wehrte sich zwar vorher und manchmal auch nachher noch dagegen, im Moment des Gesprächs aber war mir klar, dass Helen wirklich mit Cazador Kontakt hatte. Es ist schwer zu beschreiben, alle Notizen und Nacherzählungen wirken hinterher irgendwie platt. Ich musste es erleben, um es zu glauben. Abgesehen von den Schmerzen war seine reduzierte Sehkraft für meinen Freund kaum je ein Problem. Betreffend seine Augen meinte Cazador dann nur: *Ich sehe gut, ich freue mich an dem, was ich kann.* Und er wolle leben, selbstverständlich. Ich war so glücklich und erleichtert. Und suchte nach einer Lösung, um seine Schmerzen zu lindern. Zwei Operationen in der Münchner Universitätsklinik halfen ihm: Das rechte Auge konnte erfolgreich operiert werden, das bereits blinde linke Auge wurde entfernt, da er dort immer wieder Schmerzen litt. Drei Wochen war Cazador in der Klinik, dann traten wir die Rückreise an. Ich sehe ihn heute noch nach seiner Rückkehr aus München: Er flog über die Weide, konnte sich nicht entscheiden, ob er jetzt grasen, sich wälzen oder rennen sollte. Schliesslich buckelte er mit einem Grasbüschel im Maul auf der Wiese. Seine Lebensfreude war ungetrübt und er erholte sich rasch von den Operationen. Die Schmerzen waren vorbei, das Leben hätte schöner nicht sein können.

Das Lernen aber ging weiter. Es war ein warmer Sommertag zwei Jahre nach der Operation in München, die Pferde hatten die Nacht auf der Weide verbracht. Aber an diesem Morgen trabte Cazador ganz entgegen seiner sonstigen Gewohnheit nicht munter zur Weide hinaus und in den Stall hinein. Er war etwa zwanzig Meter vor dem Tor stehen geblieben und wartete. So führten wir ihn am Halfter in den Stall, wo er sich wie immer sofort dem frischen Stroh zuwandte. Als er am

Abend auch nicht alleine zum Stall hinausmarschierte und sich am nächsten Morgen ebenfalls führen liess, ahnte ich bereits, was passiert war. Diverse tierärztliche Untersuchungen bestätigten meine Vermutung. Die Netzhaut des rechten Auges hatte sich, vermutlich über eine längere Zeitspanne, abgelöst, eine seltene, aber mögliche Folge der erfolgreichen Operation. Cazador kann mit seinem physischen Auge nur noch hell und dunkel unterscheiden. Nach dem ersten Schreck fanden wir uns im Alltag recht schnell zurecht. Wir haben das Glück in einem Stall zu leben, wo Cazador mit Verständnis und Respekt für seine spezielle Situation begegnet wird, wofür ich sehr dankbar bin. Die erste Reaktion der Tierärzte und der meisten meiner Bekannten war zu erwarten: Ein blindes Pferd könne ich nicht reiten, das sei viel zu gefährlich. Auf die Frage, wie ich denn mein Pferd beschäftigen solle, riet man mir, Cazador auf die Weide zu stellen. Er hatte mir aber mitgeteilt, dass er geritten werden will. Und diesen Wunsch, der natürlich auch meiner war, erfüllte ich ihm nur zu gern. Kaum eine Woche später unternahmen wir zusammen mit Cazadors Freund und Stallgefährten El Francès und meiner Schwester den ersten Spaziergang ins Gelände, der ohne grössere Unsicherheiten und Probleme verlief. Das nächste Mal stieg ich auf seinen Rücken und er marschierte los, wieder begleitet von El Francès. Er bewegte sich sicherer als beim Führen, ich entspannte mich nach den ersten Schritten und genoss den kurzen Ausritt. Bald schon wurden unsere Ausritte wieder länger und nach einem anfänglichen Schwanken im Trab oder Tölt, gewann Cazador nach und nach seine gewohnte Sicherheit zurück. Durch seine rassebedingte hohe Vorhandaktion fällt es ihm nicht schwer, bergauf oder bergab zu gehen. Es spielt für ihn auch keine Rolle, ob er vor, hinter oder neben dem andern Pferd geht. Cazador hatte beim Gespräch mit Helen betont, er sei nicht schreckhaft, das weiss ich und verlasse mich darauf. Sein Stolz und seine Würde sind ungebrochen, er liebt sein Leben mit unseren beiden anderen Pferden, mit denen er eine grosse Boxe mit Auslauf und die Weide teilt.

Von Cazador habe ich gelernt, nicht immer irgendwo in der Zukunft oder in der Vergangenheit zu suchen, sondern im Moment zu leben und zu entscheiden. Er liebt sein Leben so, wie es ist, seine Zuneigung und sein Vertrauen schätze ich als wunderbare Geschenke. Sein Stolz, aber auch seine Geduld und Gelassenheit zeigen mir jeden Tag, dass das Leben auch für uns Menschen einfacher sein könnte, wenn wir die Dinge, die sich nicht ändern lassen, einfach annehmen würden. Unser Leben hat sich durch seine Behinderung nicht wesentlich verändert. Wir geniessen die gemeinsamen Stunden ebenso wie früher, ich vielleicht sogar noch etwas mehr, weil plötzlich nicht mehr alles so selbstverständlich ist. Wenn er auf seinen Lieblingswegen die Ohren spitzt und einen flotten Galopp fordert, vergesse ich manchmal sogar, dass er mit seinen physischen Augen nichts sieht.

Immer wieder bin ich an Grenzen gestossen, und immer wieder ging es weiter. Ich habe gelernt anzunehmen, zu vertrauen und zu hoffen. Beim Schreiben dieses Buches habe ich bei Cazador nachgefragt, ob er mir erklären kann, wozu unser gemeinsames Leben bisher so verlaufen sei. Hier seine Erklärung: *Um die Qualität des Lebens zu erkennen. Du sollst dir nicht wünschen, jemand anderes zu sein. Nimm es an dieses Leben, als Geschenk, als Aufgabe um zu wachsen. Alles was uns widerfährt ist gut – erkenne das um wirklich ja zu sagen zu dir selbst. Dort liegt eines der Geheimnisse auf der Reise. Nimm dich an, nimm die andern an und wachse an und mit ihnen. Und geniesse dieses tolle Leben!*

Was mir am Herzen liegt

Meine Motivation mit Tieren zu kommunizieren sind meine Liebe und Respekt ihnen gegenüber. Es macht mich glücklich, wenn ich durch meine Arbeit zu einem besseren Verständnis und harmonischeren Miteinander unter allen Wesen beitragen kann, wenn es mir gelingt, einen Impuls zu setzen, damit Mensch und Tier zusammenfinden und im Vertrauen zueinander und sich zu sich selber ihren Weg weitergehen können.

Ich respektiere die Gefühle von Menschen und Tieren. Alles, was ich während eines Gesprächs erfahre, behandle ich vertraulich. Wenn ich kann, helfe ich gerne mit Adressen von Tierärzten, Homöopathen, Ostéopathen, Tierheilpraktikern und anderen Therapeuten weiter. Manchmal hilft auch eine Bachblütenbehandlung, vor allem dann, wenn der Mensch auch bereit ist, die Tropfen zu nehmen.

Ich kommuniziere mit den Tieren nie ohne klaren Auftrag. Ich führe keine Gespräche mit Tieren, zu denen der Anrufer weder in direkter Verbindung steht noch die Verantwortung für sie trägt. Ich verlasse mich hier auf die Aufrichtigkeit der Menschen, die mich anrufen, meistens sagen sie mir, wenn sie nicht die alleinige Verantwortung für das Tier haben. Wenn Sie mit ihrem Pflegepferd oder dem Hund sprechen möchten, den sie ab und zu spazieren führen, muss der Tierhalter mit dem Gespräch einverstanden sein. Wenn zum Beispiel ein Pferd von einer Drittperson trainiert wird, kann es sinnvoller sein, wenn der Trainer selbst den Kontakt aufnimmt, um Dinge zu klären, die mit dem Reiten zu tun haben, natürlich auch hier in Absprache mit dem Pferdehalter.

Es ist nicht meine Aufgabe, Krankheiten zu benennen oder zu behandeln. Die Tiere beschreiben mir oft ihre Schmerzen, Symptome, Gefühle oder sie wünschen eine bestimmte Behandlung. Das Gespräch kann in einer solchen Situation sehr hilfreich sein, es ersetzt aber nie den Besuch beim Tierarzt. Es bringt auch nicht viel, eine Tierkommunikatorin anzurufen, wenn das Pferd gerade mit einer Kolik kämpft, in solchen Fällen ist Handeln und ein Anruf beim Tierarzt unbedingt nötig, und kann unter Umständen lebensrettend sein. Das Gleiche gilt, wenn ein Tier einen Unfall hatte, wenn zum Beispiel eine Katze oder ein Hund angefahren worden ist. Darüber sprechen, wie es passiert ist, kann man später immer noch, vorausgesetzt es ist wirklich wichtig.

Ein Gespräch mit unserem Tier spiegelt immer den Moment, die spezielle Situation des Tieres und seines Menschen in diesem Augenblick. Nicht immer bekommen wir auf Fragen nach der Vergangenheit oder der Zukunft eine Antwort, besonders dann nicht, wenn das Tier selber in einer schwierigen Situation ist, wenn es zum Beispiel seinen Heimweg nicht findet oder krank ist. Unsere Einstellung dem Tier gegenüber ist in den Gesprächen immer spürbar. Wenn wir bereit sind, das Tier in seiner Persönlichkeit anzunehmen und seine Standpunkte anzuerkennen, dann wir sich unser Tier auch gerne im Gespräch öffnen und uns an seinen Empfindungen teilhaben lassen. Geht es uns aber lediglich darum, ein für uns unangenehmes Verhalten unseres Tieres ohne Rücksicht auf dessen Empfindungen möglichst schnell zu stoppen, dann dürfen wir auch nicht erstaunt sein, wenn das Tier uns nicht vertraut. Hier ist es an uns, dem Tier unseren ehrlichen Respekt und unsere Liebe zu zeigen. Seien wir also offen und hören gut zu, dann werden wir reich belohnt. Immer wieder darf ich in den Gesprächen neue Erkenntnisse gewinnen, die mich persönlich betreffen und mir helfen, mich dem spannenden Fluss des Lebens vertrauensvoll hinzugeben. Ich bemühe mich, alle Wesen so anzunehmen, wie sie sind und ich respektiere, dass wir alle unsere Aufgabe so gut machen, wie es uns möglich ist. Die Tiere haben mir dazu die Türen geöffnet, und dafür bin ich ihnen von Herzen dankbar.

Geschenk und Auftrag

Als Tierkommunikatorin arbeiten zu dürfen, empfinde ich als grosses Geschenk, das mich stolz und glücklich macht. Es ist schön zu sehen, wie Tiere und Menschen einander immer näher kommen und sich gegenseitig unterstützen und respektieren. Die Tiere haben mir auch geholfen, nicht immer gleich nein zu sagen, wenn ich mich einer Aufgabe nicht gewachsen fühlte. Ich erinnere mich gut, wie ich mich immer wieder gewehrt habe, mit den Anliegen der Tiere nach aussen zu treten. Ich erinnere mich an den ersten Vortrag, den ich zum Thema Tierkommunikation zu halten gebeten worden war, und vor dessen Beginn ich sehr nervös und angespannt war: Die Tiere haben mir soviel Unterstützung gebracht und den Vortrag mit viel Humor und Spass begleitet, es redete von allen Seiten, ich kam kaum nach mit Übersetzen. Bis dahin war ich immer lieber im Hintergrund geblieben und hatte das Geschenk meiner Arbeit im Stillen genossen. Die Tiere aber haben mich immer wieder nach draussen geführt, drängten mich, Vorträge zu halten und Kurse zu geben. Als ich mein anfängliches Zögern zu überwinden begann, öffneten sich mir immer mehr Türen und ich bekam die Hilfe, die ich brauchte und vor allem sehr viel Kraft und Energie. Viele Tiere haben einen Auftrag zu erfüllen und leben deshalb mit uns Menschen zusammen. Stellvertretend für viele andere lasse ich hier die Stute Hot Chocolate zu Wort kommen, sie erzählte mir etwas über ihre Aufgabe hier bei uns Menschen: *Mein Leben ist Freude, Spass, die Leichtigkeit des Daseins als Wesen, auch als Pferd. Ich führe Euch zu mehr Lebensfreude, zu*

Euren Wurzeln, Euren Stärken und Euren Schwächen. Wir müssen die Verbindung zwischen Tieren und Menschen harmonisieren, viel Leid, viel Schmerz wurde uns Tieren von Euch Menschen angetan. Wir sind hier, um all dieses Leid zu verzeihen und dann hinter uns zu lassen. Nur auf einer sauberen Unterlage kann neues Vertrauen wachsen. Seid stark, schaut hin, tragt die Verantwortung für das, was geschehen ist, als Menschen in diesem Leben in diesem Körper, rechnet nicht, glaubt nicht, besser zu sein als andere, auch ihr, ihr alle müsst verzeihen lernen. Auch ich habe vieles angesammelt, muss mich lösen von alten Schmerzen, es ist Zeit, es kommt Licht, Harmonie und grosse, starke, klare Liebe. Liebe ist nicht dieses verwirrende Gefühl, das ihr Menschen zu kennen glaubt. Liebe ist stark, unumstösslich und tief in uns verborgen, es ist die Liebe zu uns selbst, nur diese Liebe kann Boden geben. Verwechselt nicht Fürsorge, Mitleid und Schmerz mit Liebe. Liebe ist rein, klar, unendlich weit. Freut euch und handelt, sucht, findet, erlöst, verknüpft, seid stark und schaut hin. Ich unterstütze diesen Prozess, diese Verbindung auf neuer, sauberer Grundlage. Schaut mich an, mit jeder Facette meines Seins verkörpere ich diesen Wunsch. Ausgleich, egal ob oben oder unten, rechts oder links, alles eins, gleich eins wie wir, so soll es sein. Lasst uns daran arbeiten und an den Ergebnissen und Einsichten wachsen. Freude und immer wieder Freude, lasst uns lustig sein. Freude neutralisiert Schmerz, Liebe heilt alles, alles ist eins.

So vieles habe ich im Laufe der vielen Gespräche und Begegnungen von den Tieren lernen dürfen, ich wünsche mir, dass die Tiere gehört werden und dass wir Menschen die nötige Ruhe finden, um unsere Verbindung mit allen Wesen um uns herum in Frieden und Harmonie leben zu können. Während eines Waldspazierganges wurde ich zu einem dicht mit Moos überwachsenen Baumstamm geführt und hörte eine Botschaft, die an uns alle gerichtet ist: *Spüre die Energien! Ich habe viele Herzen, ihr Menschen glaubt, nur eines zu haben. Es ist nicht das Organ, das zählt, sondern das Bewusstsein jeder Zelle, ich spüre alle meine Zellen, sie sind alle eins, nur so kann ich überleben. Aber doch ist jede Zelle für sich wichtig, denn sie ermöglicht die Atmung, den Austausch mit aussen.*

Meine Zellen sind klein, doch sie sind, fühlen ihre Kraft, ihre Aufgabe, ihre Bestimmung. Das ist Wissen. Wissen erst ermöglicht Leben in einer körperlichen Dimension. Atme, spüre, deine Zellen sind auch eins, trenne sie nicht voneinander, das bringt Unruhe, Unklarheit, Chaos. Lerne zu leben, lerne zu atmen, lerne zu spüren und wisse: ALLES IST EINS.

LITERATURVERZEICHNIS

Boone, J. Allen, Die grosse Gemeinschaft der Schöpfung, Gespräche zwischen Mensch und Tier, Undine Verlag, ISBN 3-927629-4

Lofting, Hugh, Dr. Dolittle und seine Tiere, Dressler Verlag, ISBN 3-791-53573-0

Morgan, Marlo, Traumfänger, Goldmann Taschenbuch, ISBN 3-442-43740-7

Sheldrake, Rupert, Der siebte Sinn der Tiere, Scherz Verlag, ISBN 3-502-15681-6

Sheldrake, Rupert, Der siebte Sinn des Menschen, Scherz Verlag, ISBN 3-502-15682-4

Smith, Penelope, Gespräche mit Tieren, G. Reichel Verlag, ISBN 3-926388-69-2

Smith, Penelope, Tiere als sprechende Gefährten, G. Reichel Verlag, ISBN 3-926388-70-6

Weitere Bücher zum Thema

Baumann Brunke, Dawn, Tiergeflüster, Tierbewusstsein im Netzwerk des Lebens, G. Reichel Verlag, ISBN 3-926388-67-6

Fitzpatrick, Sonya, „Was mir die Tiere erzählen“, Spirituelle Verbindungen zwischen Mensch und Tier, Kosmos Verlag, ISBN 3-440-07522-2

Gurney, Carol, Die Sprache der Tiere, In 7 Schritten zum Animal Communicator, Kosmos Verlag, ISBN 3-440-10100-2

Hühn, Susanne, Katzengeflüster, Ein besonderer Ratgeber für alle, die mit Tieren leben und reden, Schirner Verlag, ISBN 3-89767-218-9

Kinkade, Amelia, Tierisch gute Gespräche, Lerne mit Tieren zu sprechen – sie antworten Dir, G. Reichel Verlag, ISBN 3-926388-57-9

Leithe, Heidegund / Weber, Katrin, Constans Verlag, Tierisch gute Sprüche, ISN 3-9808707-0-7

Lind, Carola / Müller, Karin, Der sechste Sinn, Zwiesprache mit Pferden. Kosmos Verlag, ISBN 3-440-08978-9

Lind, Carola / Müller, Karin, Gespräche mit Pferden, Erstaunliche Erfahrungen mit dem sechsten Sinn, Kosmos Verlag, ISBN 3-440-09718-8

Lind, Carola / Müller, Karin, Wie Pferde ihre Menschen spiegeln, Kosmos Verlag, ISBN 3-440-10103-7

Meyer, Judy, Mit Tieren sprechen, dtv Taschenbuch, ISBN 3-423-36262-6

Myers, Arthur, Zwiesprache mit Tieren, Wenn Tiere zu uns sprechen – Animal Communicators berichten, Kosmos Verlag, ISBN 3-440-07726-8

Solisti, Kathryn / Michael, Tobias, Hrsg., „Ich spürte die Seele der Tiere", Aussergewöhnliche Begegnungen und Erfahrungen von Jane Goodall, Penelope Smith, Dorit Feddersen-Petersen, Reinhart Brandau, Linda Tellington-Jones und vielen anderen, Kosmos Verlag, ISBN 3-440-07274-6

Roads, Michael, Mit der Natur reden, Das verborgene Wissen der Schöpfung, Econ Taschenbuch, ISBN 3-548-74024-3

Williams, Marta, Lautlose Sprache, Intuitive Kommunikation mit Tieren und Natur, G. Reichel Verlag, ISBN 3-926388-73-0

---

[1] Alle Zitate erscheinen in diesem Buch kursiv gedruckt.
[2] Heute ausgestorbenen Ara-Art
[3] Dieses und die beiden folgenden Zitate stammen aus dem Buch „Gespräche mit Tieren"
[4] Es gibt auch einige männliche Tierdolmetscher, vorwiegend aber sind es Frauen, die sich dieser Aufgabe widmen; aus diesem Grund und der besseren Leserlichkeit halber habe ich in diesem Buch jeweils die weibliche Form gewählt.
[5] Aus „Der Kleine Prinz"

Erfahrungen schaffen Verbindungen

Die Arbeit an meinem Buch hat mir sehr viel Spass gemacht, und das Zusammenführen aller Geschichten zu einem Ganzen erfüllte mich mit Freude und Dankbarkeit. Ich danke allen Menschen und Tieren, die mich bei der Entstehung dieses Buches unterstützt haben.

Teilen Sie Ihre Erlebnisse

Wir alle sind in Bewegung, und ich freue mich auch in Zukunft über Ihre Beiträge, Anregungen, Bemerkungen oder Gesprächsprotokolle. Ich schätze jede Rückmeldung, wie lang oder kurz sie auch sein mag. Das Wissen darum, was Sie beschäftigt und welche Fragen Sie haben, hilft mir beim Schreiben und Gestalten.

Vielen herzlichen Dank!

Sie erreichen mich unter folgender Adresse:

Barbara Fenner
Postfach 2913
CH – 8033 Zürich
tierkommunikation@bluewin.ch
http://www.kommunizieren-mit-tieren.ch